I0462286

BRAINY PUZZLER GROUP

CONTENTS

HOW TO PLAY

This KAKURO CROSS SUMS puzzle is constructed with a grid of 3D boxes.

To complete the puzzles, you will need to fill in the numbers which adds up to the sum (clues) of the boxes across and down.

For example:
Down
9 = 7+ 2
Across
16 = 9 + 7

The solutions are included if you become stuck.

Puzzle 1

Puzzle 2

Puzzle 3

Puzzle 4

Puzzle 5

Puzzle 6

Puzzle 7

Puzzle 8

Puzzle 9

Puzzle 10

Puzzle 11

Puzzle 12

Puzzle 13

Puzzle 14

Puzzle 15

Puzzle 16

Puzzle 17

Puzzle 18

Puzzle 19

Puzzle 20

Puzzle 21

Puzzle 22

Puzzle 23

Puzzle 24

Puzzle 25

Puzzle 26

Puzzle 27

Puzzle 28

Puzzle 29

Puzzle 30

Puzzle 31

Puzzle 32

Puzzle 33

Puzzle 34

Puzzle 35

Puzzle 36

Puzzle 37

Puzzle 38

Puzzle 39

Puzzle 40

Puzzle 41

Puzzle 42

Puzzle 43

Puzzle 44

Puzzle 45

Puzzle 46

Puzzle 47

Puzzle 48

Puzzle 49

Puzzle 50

Puzzle 51

Puzzle 52

Puzzle 53

Puzzle 54

Puzzle 55

Puzzle 56

Puzzle 57

Puzzle 58

Puzzle 59

Puzzle 60

Puzzle 61

Puzzle 62

Puzzle 63

Puzzle 64

Puzzle 65

Puzzle 66

Puzzle 67

Puzzle 68

Puzzle 69

Puzzle 70

Puzzle 71

Puzzle 72

Puzzle 73

Puzzle 74

Puzzle 75

Puzzle 76

Puzzle 77

Puzzle 78

Puzzle 79

Puzzle 80

Puzzle 81

Puzzle 82

Puzzle 83

Puzzle 84

Puzzle 85

Puzzle 86

Puzzle 87

Puzzle 88

Puzzle 89

Puzzle 90

Puzzle 91

Puzzle 92

Puzzle 93

Puzzle 94

Puzzle 95

Puzzle 96

Puzzle 97

Puzzle 98

Puzzle 99

Puzzle 100

Puzzle 101

Puzzle 102

Puzzle 103

Puzzle 104

Puzzle 105

Puzzle 106

Puzzle 107

Puzzle 108

Puzzle 109

Puzzle 110

Puzzle 111

Puzzle 112

Puzzle 113

Puzzle 114

Puzzle 115

Puzzle 116

Puzzle 117

Puzzle 118

Puzzle 119

Puzzle 120

Puzzle 121

Puzzle 122

Puzzle 123

Puzzle 124

Puzzle 125

Puzzle 126

Puzzle 127

Puzzle 128

Puzzle 129

Puzzle 130

Puzzle 131

Puzzle 132

Puzzle 133

Puzzle 134

Puzzle 135

Puzzle 136

Puzzle 137

Puzzle 138

Puzzle 139

Puzzle 140

Puzzle 141

Puzzle 142

Puzzle 143

Puzzle 144

Puzzle 145

Puzzle 146

Puzzle 147

Puzzle 148

Puzzle 149

Puzzle 150

Puzzle 151

Puzzle 152

Puzzle 153

Puzzle 154

Puzzle 155

Puzzle 156

Puzzle 157

Puzzle 158

Puzzle 159

Puzzle 160

Puzzle 161

Puzzle 162

Puzzle 163

Puzzle 164

Puzzle 165

Puzzle 166

Puzzle 167

Puzzle 168

Puzzle 169

Puzzle 170

Puzzle 171

Puzzle 172

Puzzle 173

Puzzle 174

Puzzle 175

Puzzle 176

Puzzle 177

Puzzle 178

Puzzle 179

Puzzle 180

Puzzle 181

Puzzle 182

Puzzle 183

Puzzle 184

Puzzle 185

Puzzle 186

Puzzle 187

Puzzle 188

Puzzle 189

Puzzle 190

Puzzle 191

Puzzle 192

Puzzle 193

Puzzle 194

Puzzle 195

Puzzle 196

Puzzle 197

Puzzle 198

Puzzle 199

Puzzle 200

SOLUTIONS

Answer 1

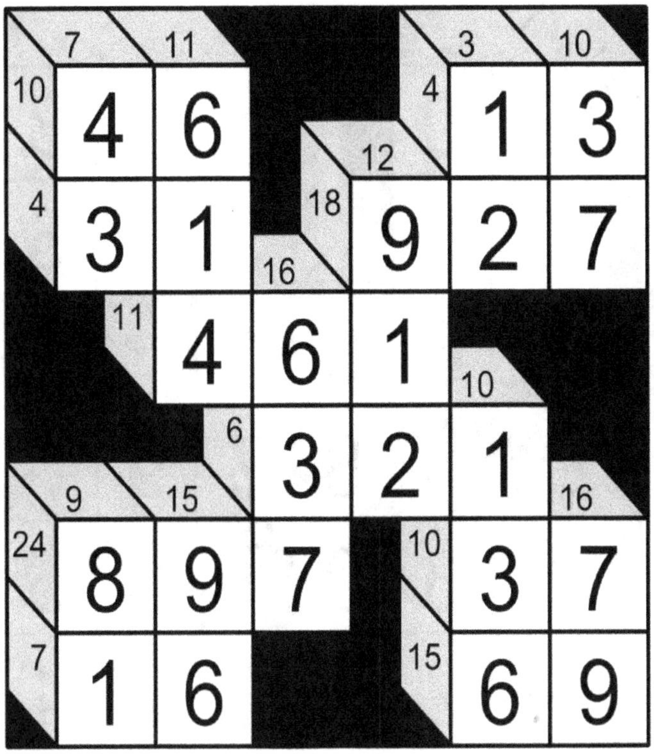

Answer 2

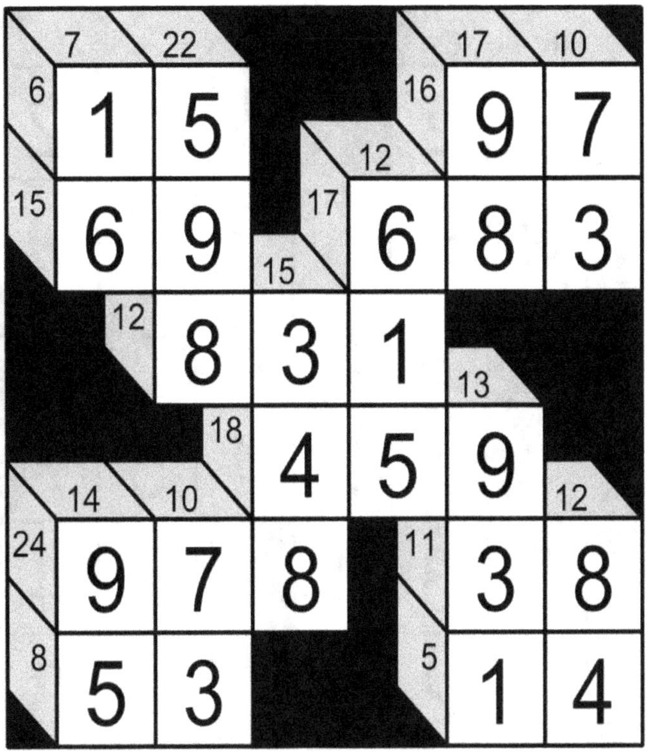

Answer 3

Answer 4

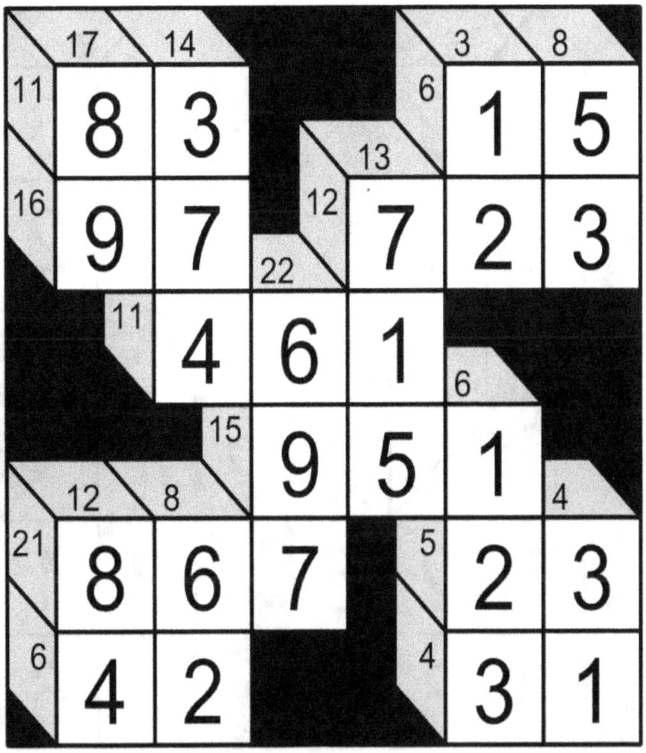

Answer 5

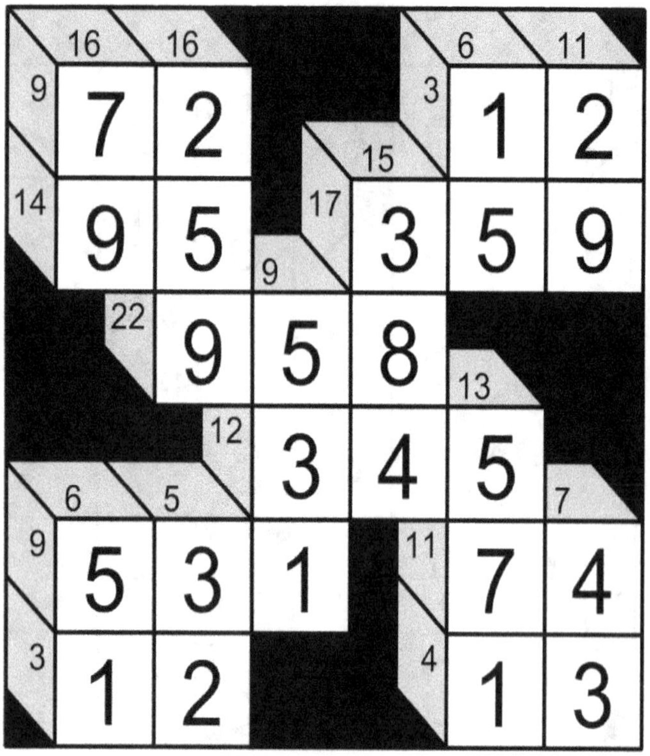

Answer 6

Answer 7

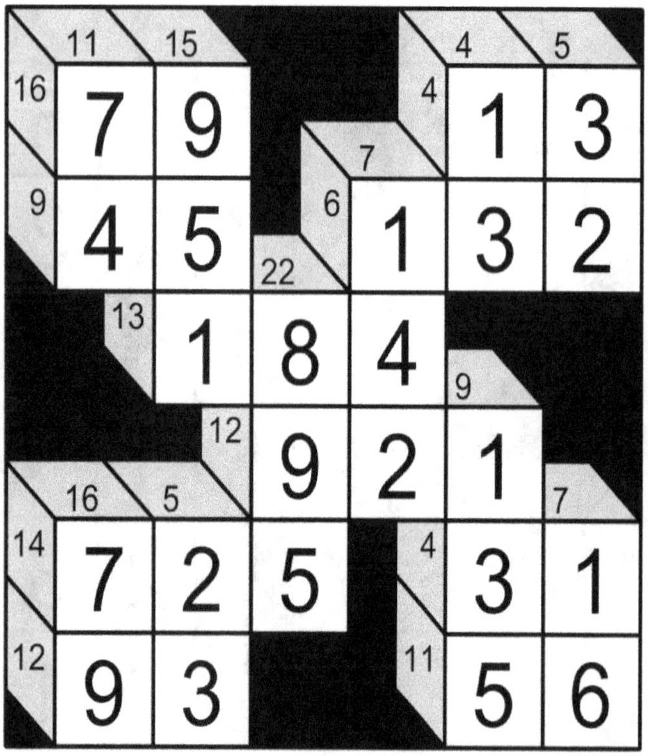

Answer 8

Answer 9

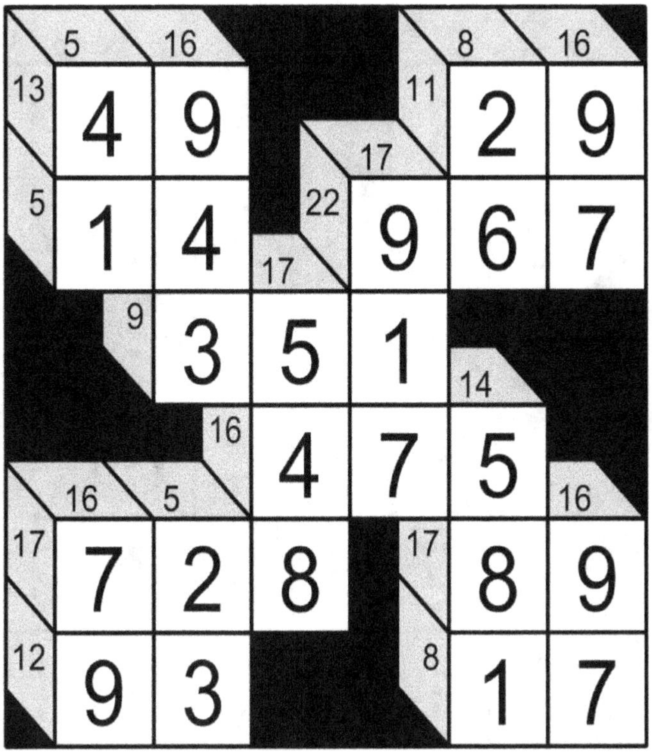
5 16 8 16
13 4 9 11 2 9
17
5 1 4 17 22 9 6 7
9 3 5 1 14
16 4 7 5
16 5 16
17 7 2 8 17 8 9
12 9 3 8 1 7

Answer 10

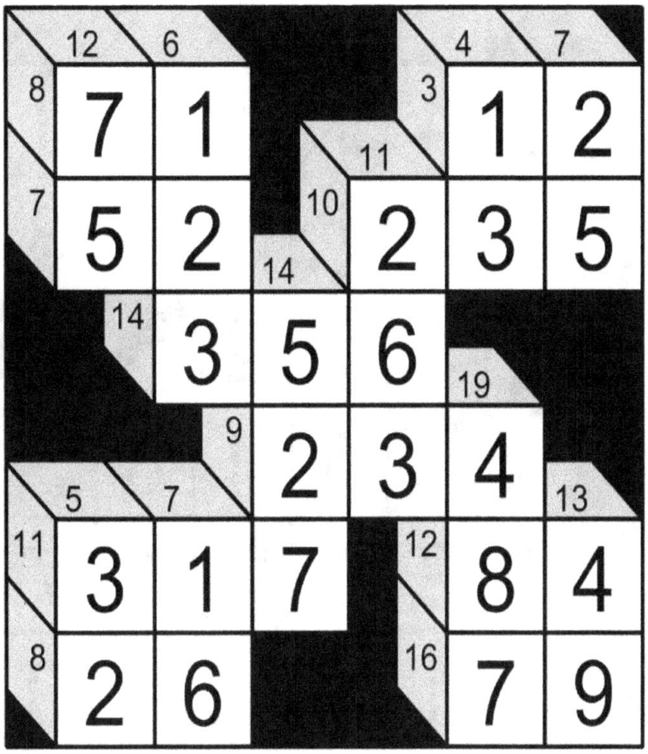
12 6 4 7
8 7 1 3 1 2
11
7 5 2 14 10 2 3 5
14 3 5 6 19
9 2 3 4
5 7 13
11 3 1 7 12 8 4
8 2 6 16 7 9

Answer 11

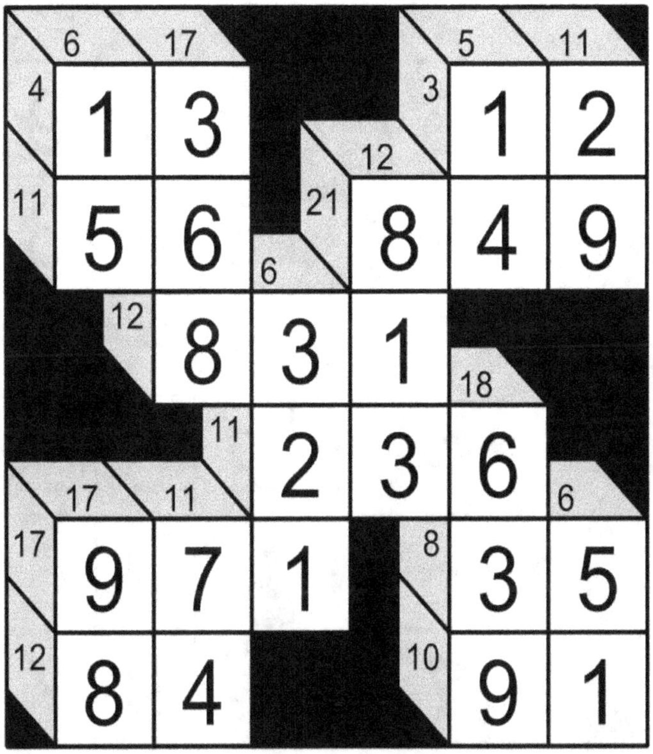
6 17 5 11
4 1 3 3 1 2
12
11 5 6 6 21 8 4 9
12 8 3 1 18
11 2 3 6
17 11 6
17 9 7 1 8 3 5
12 8 4 10 9 1

Answer 12

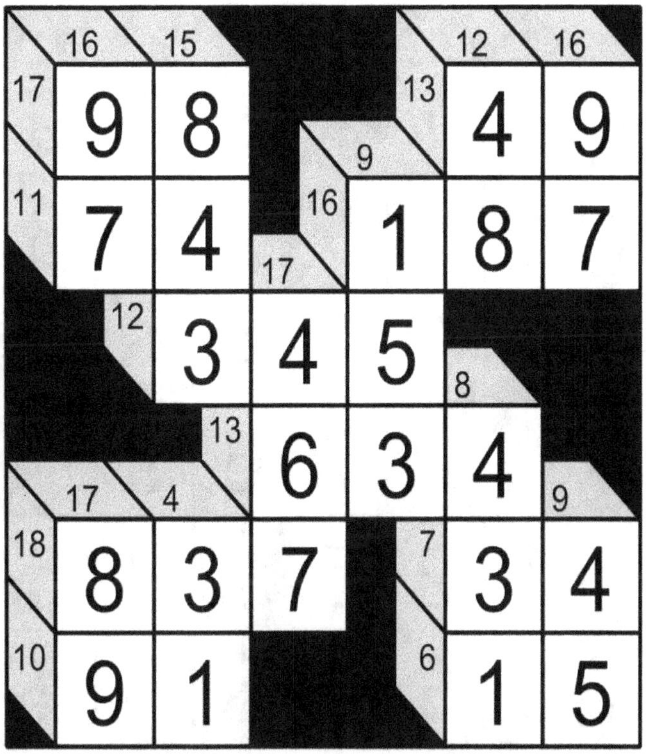
16 15 12 16
17 9 8 13 4 9
9
11 7 4 17 16 1 8 7
12 3 4 5 8
13 6 3 4
17 4 9
18 8 3 7 7 3 4
10 9 1 6 1 5

Answer 13

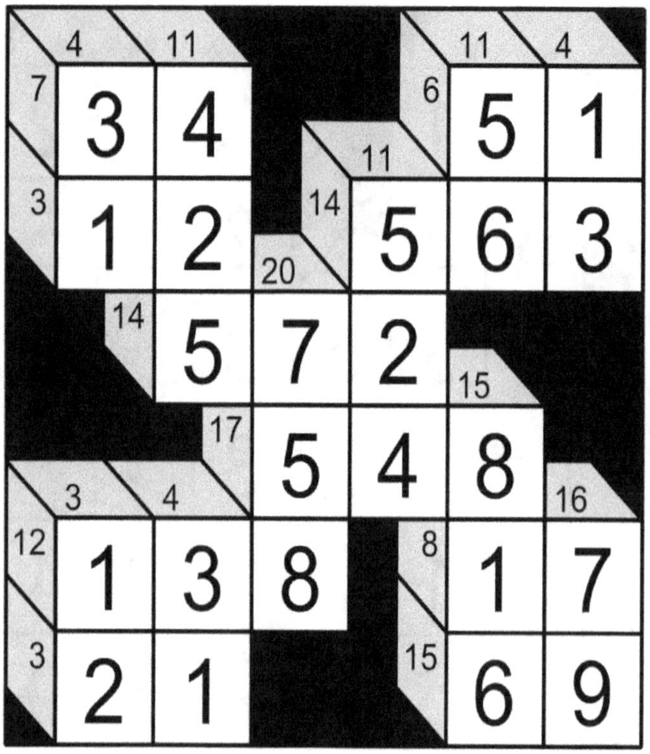

Answer 14

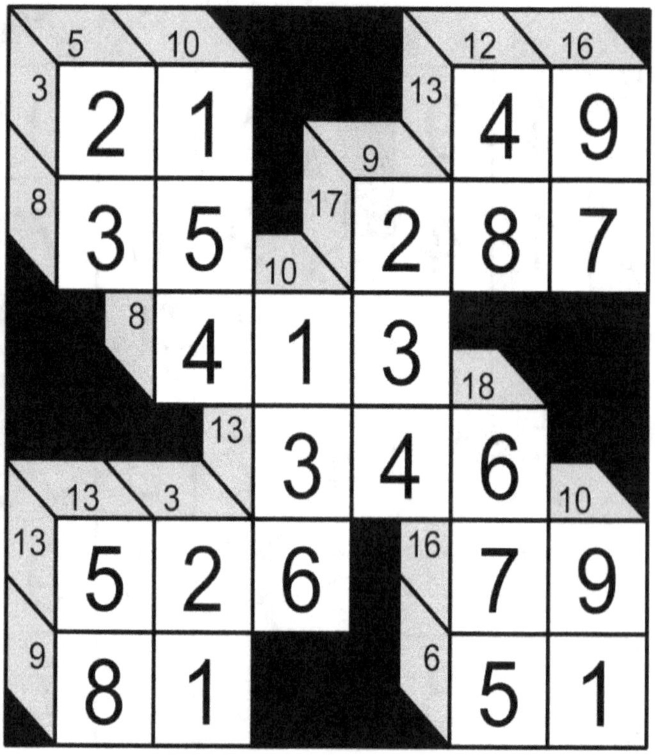

Answer 15

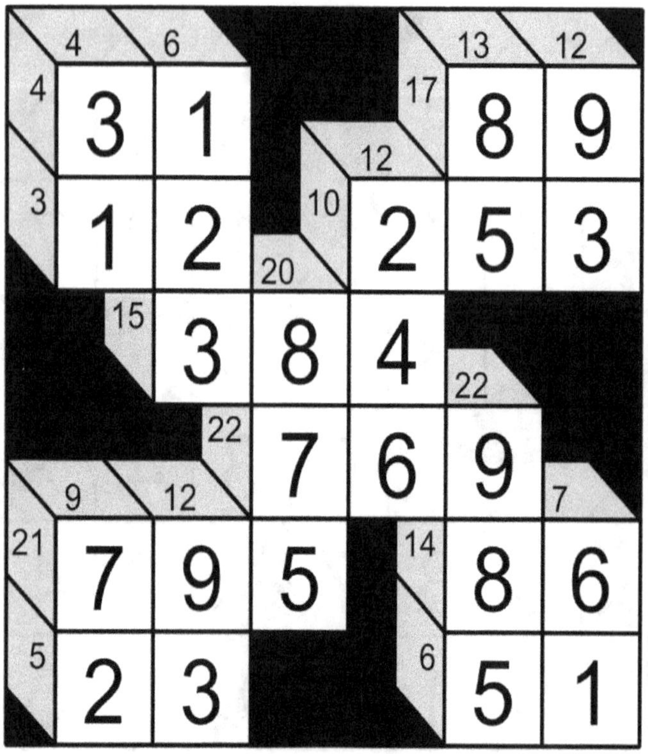

Answer 16

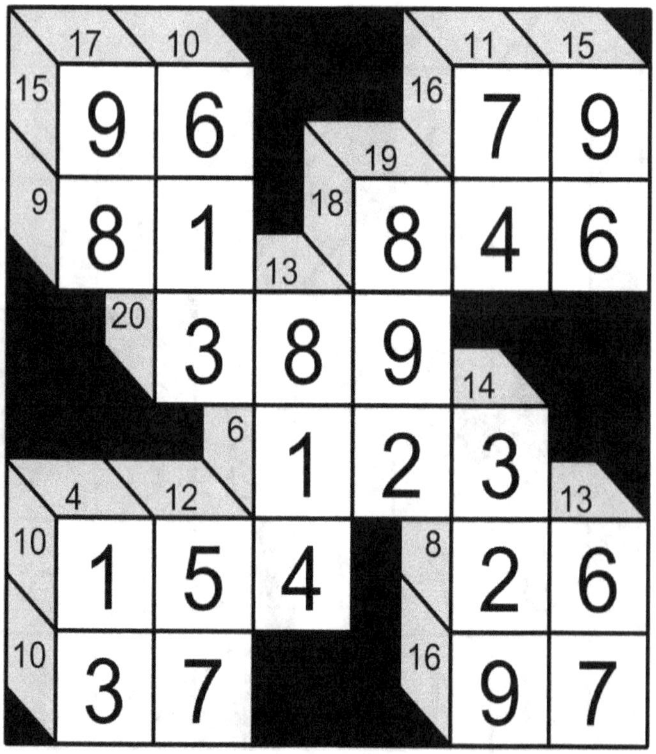

Answer 17

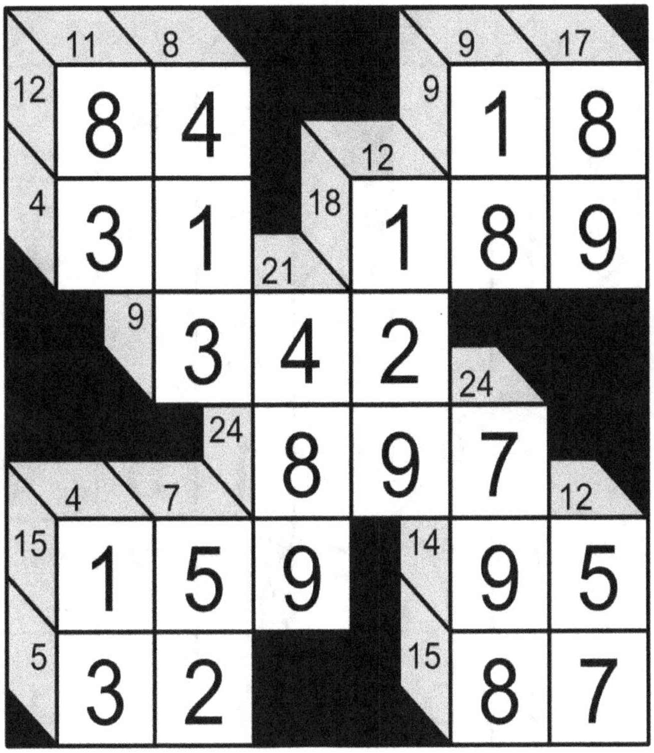

Answer 18

Answer 19

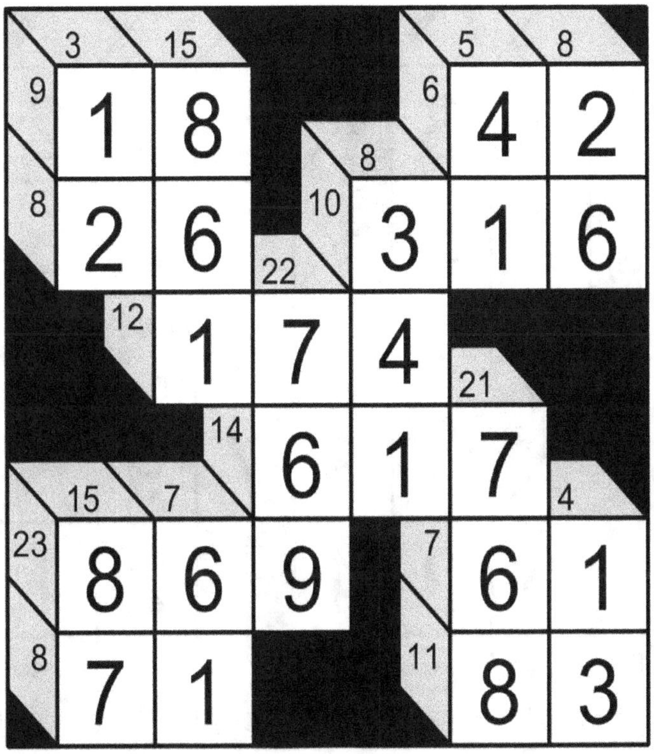

Answer 20

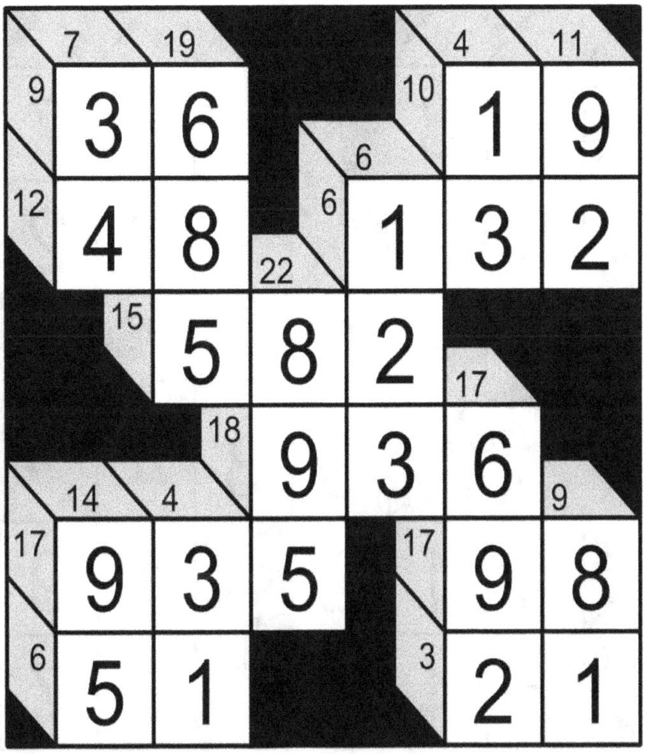

Answer 21

Answer 22

Answer 23

Answer 24

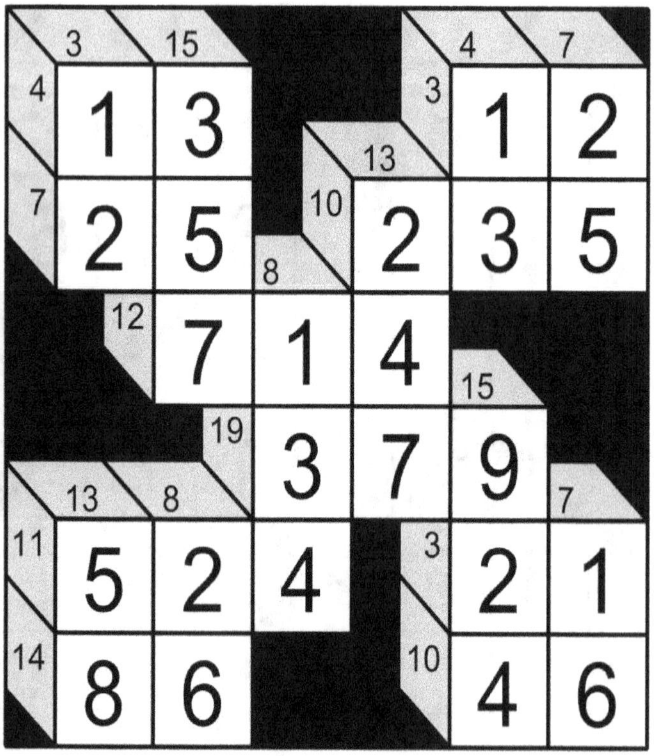

Answer 25

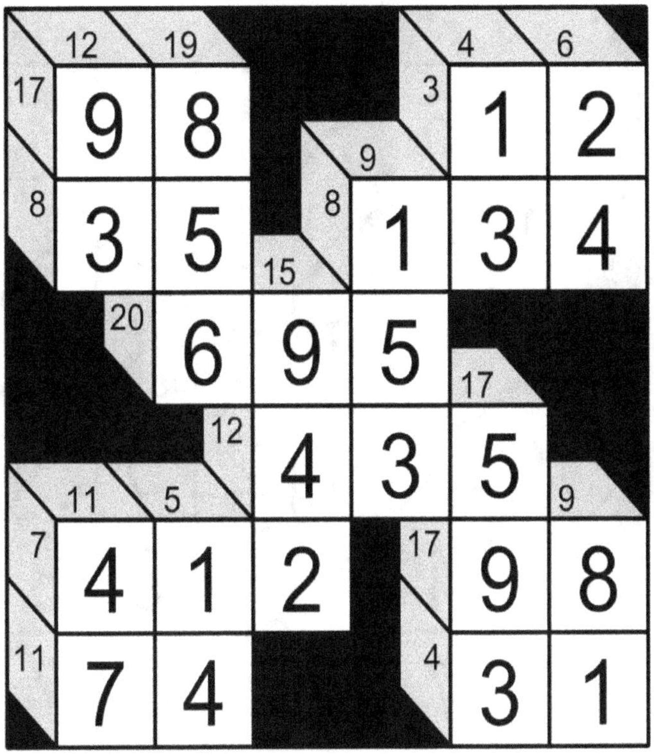

Answer 26

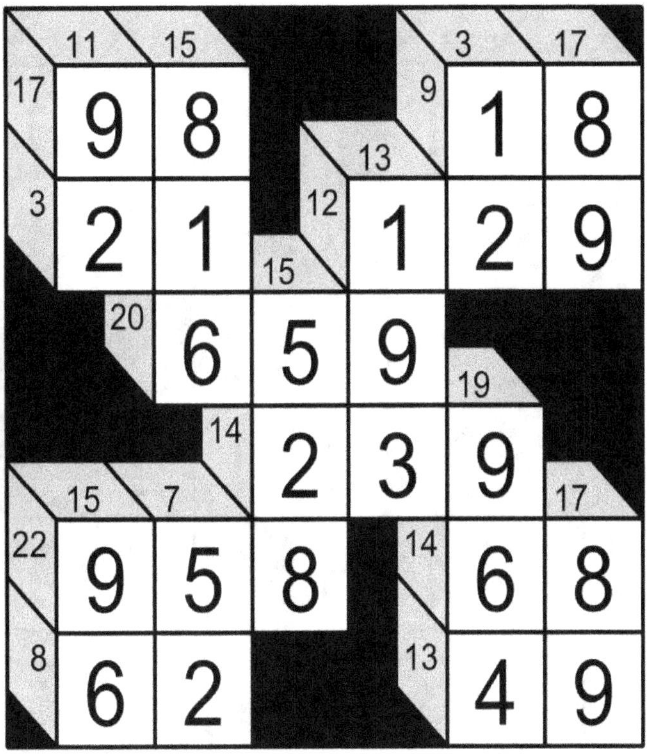

Answer 27

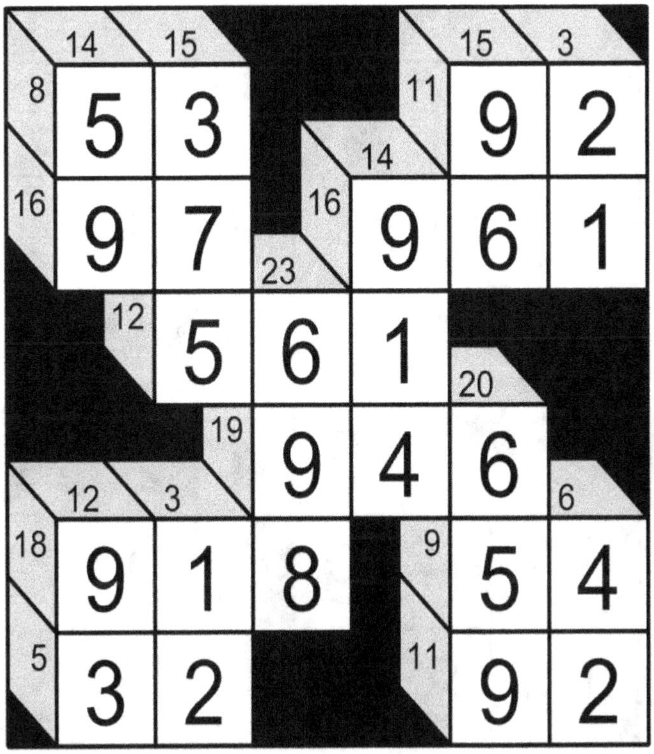

Answer 28

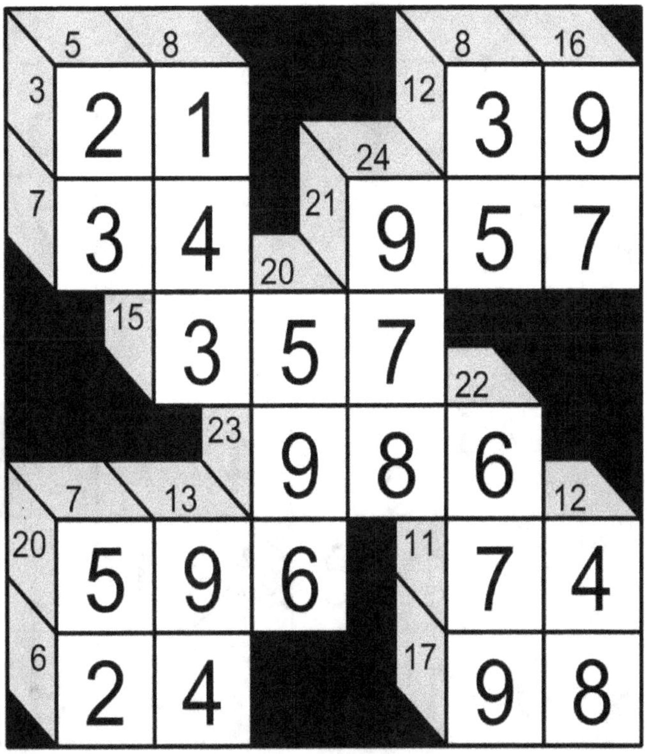

Answer 29

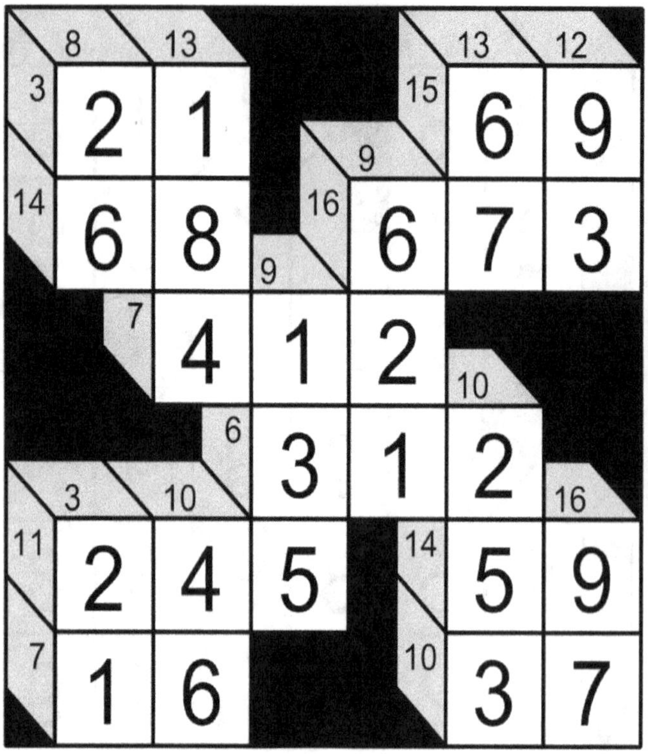

Answer 30

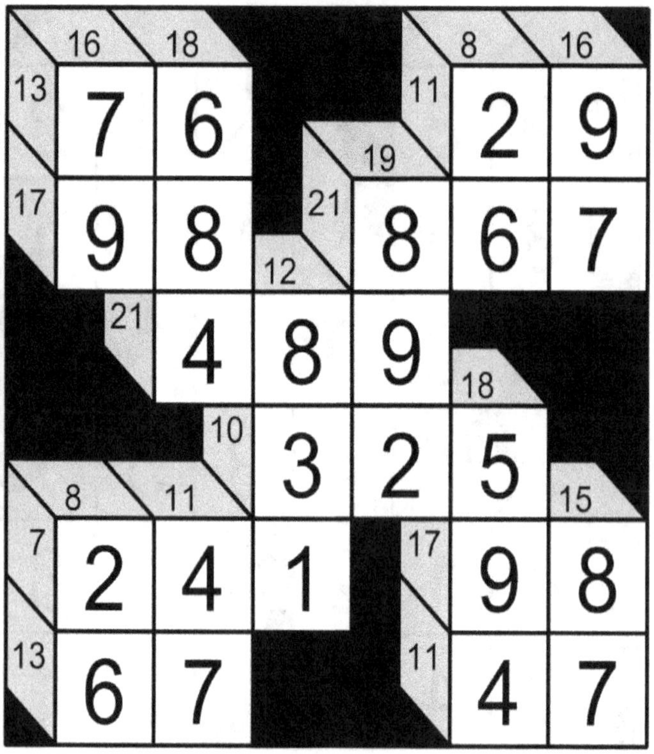

Answer 31

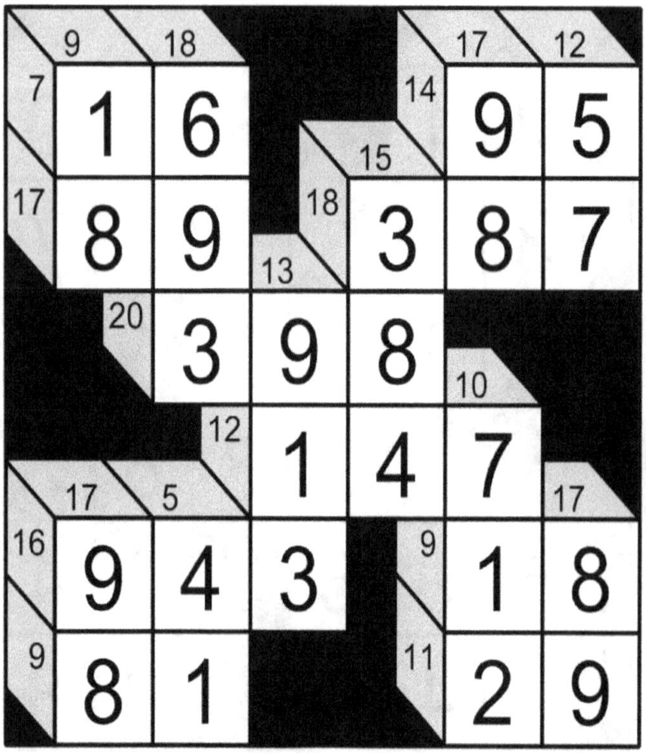

Answer 32

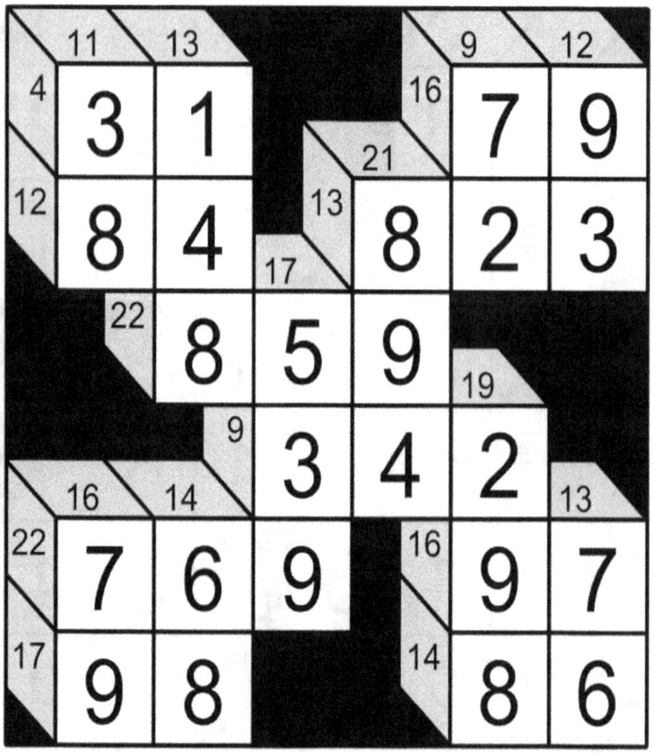

Answer 33

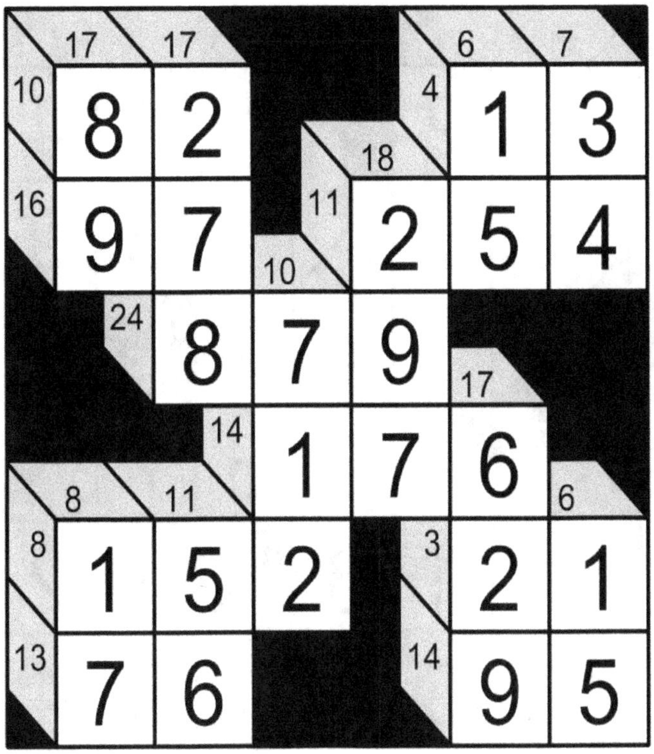

Answer 34

Answer 35

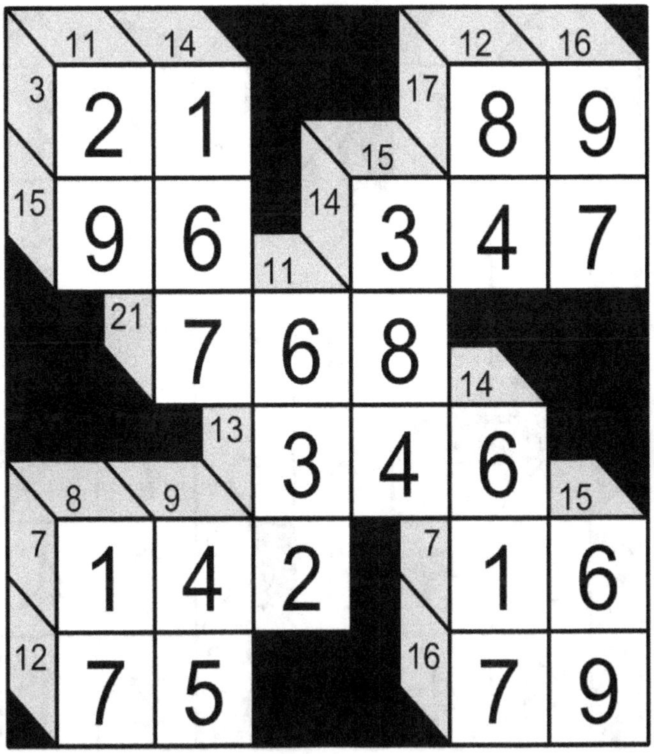

Answer 36

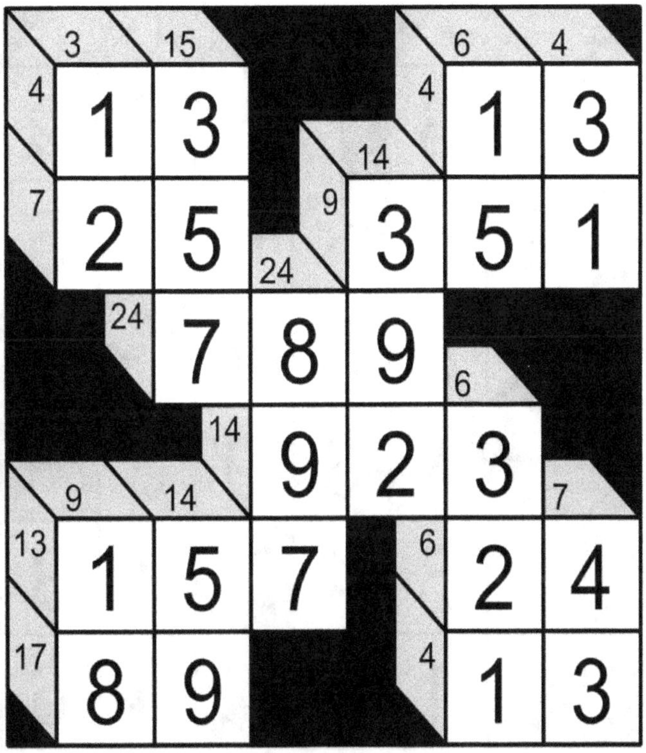

Answer 37

Answer 38

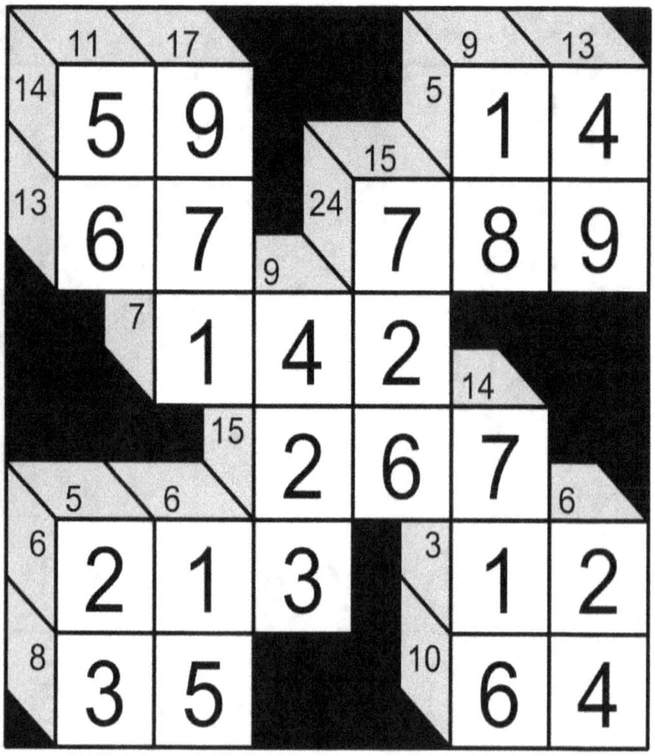

Answer 39

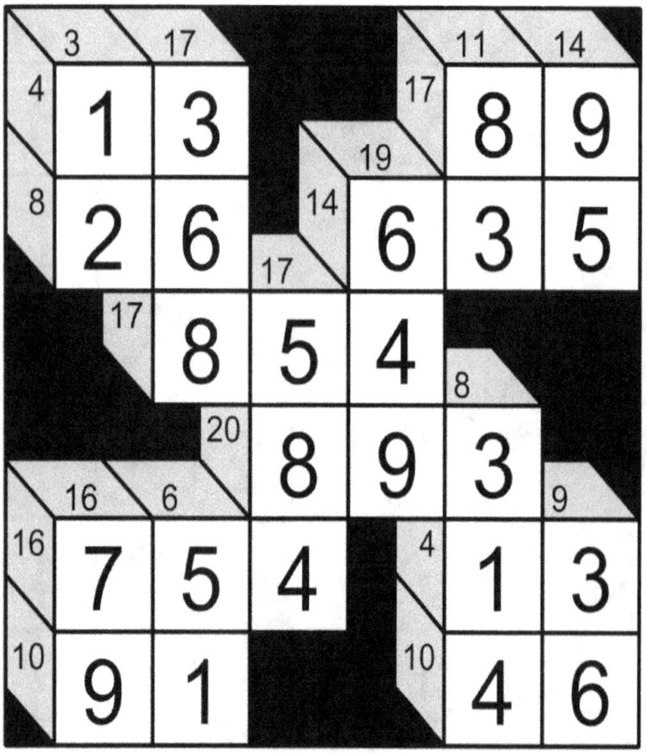

Answer 40

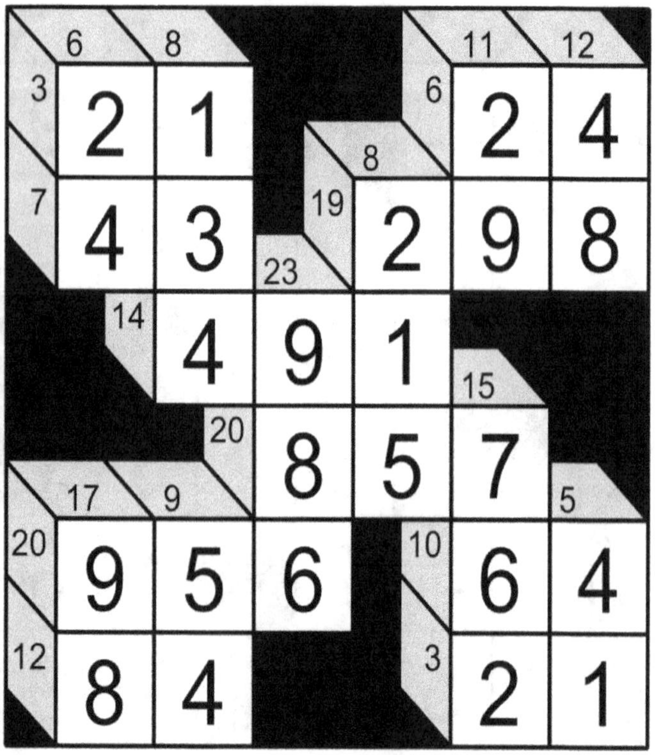

Answer 41

Answer 42

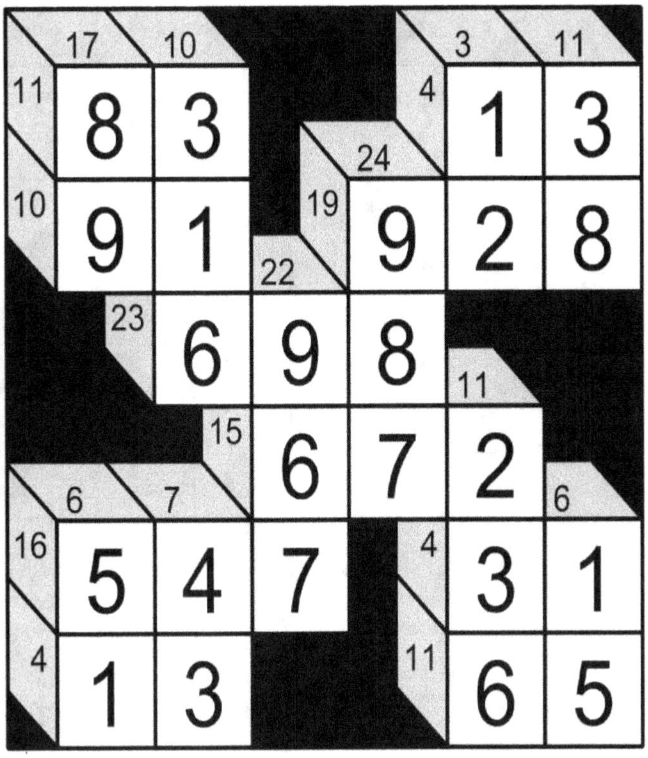

Answer 43

Answer 44

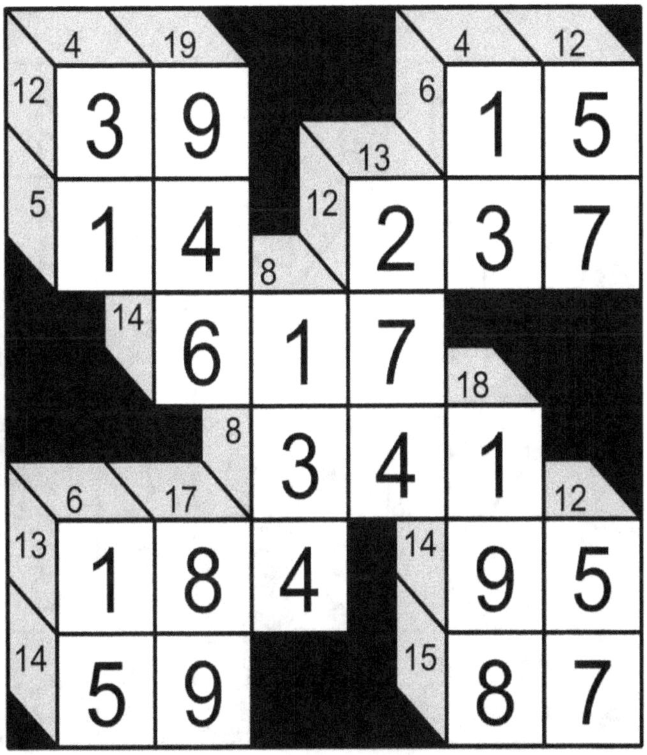

Answer 45

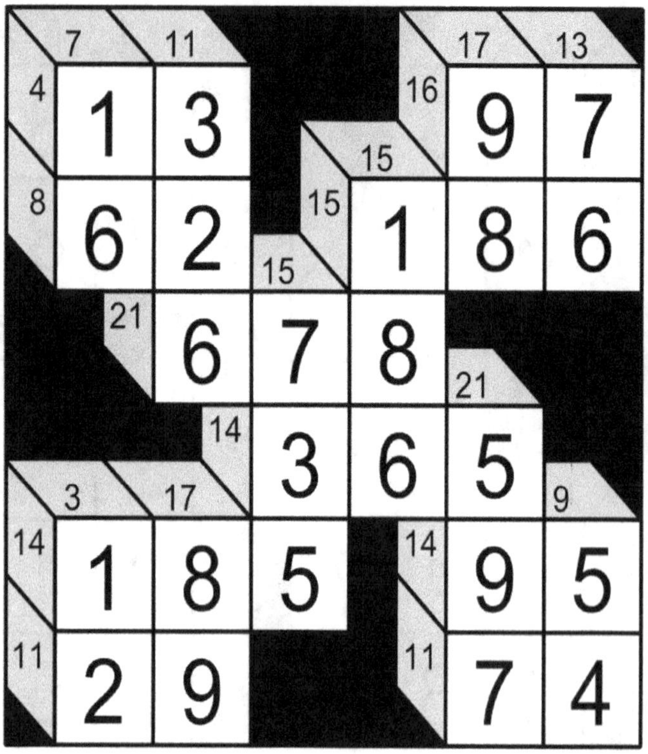

Answer 46

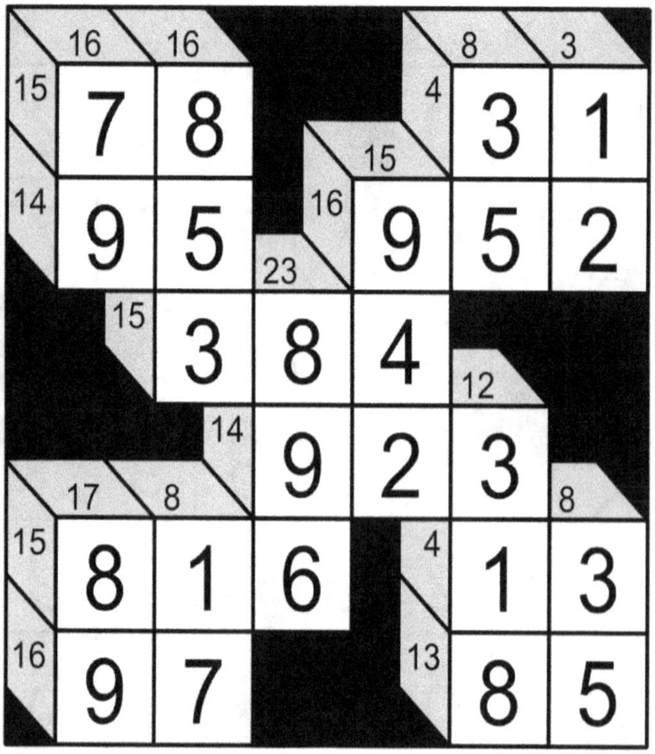

Answer 47

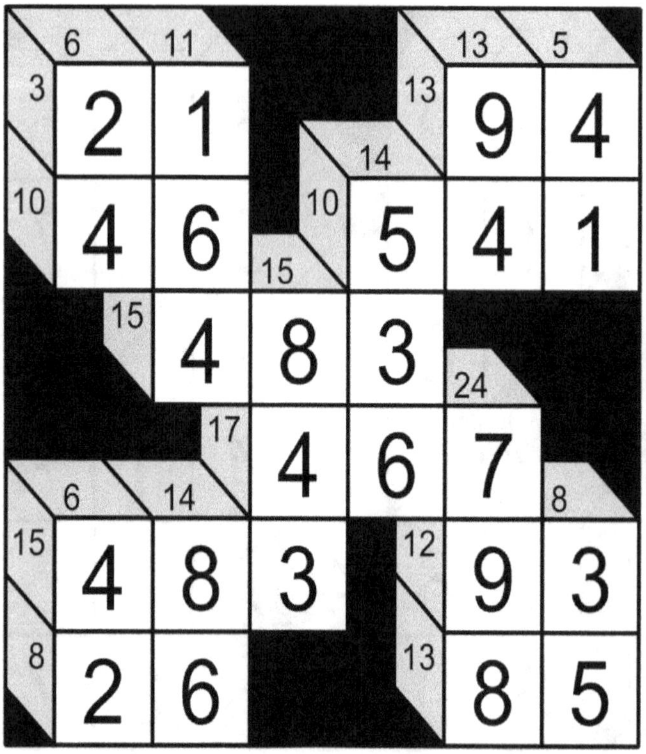

Answer 48

Answer 49

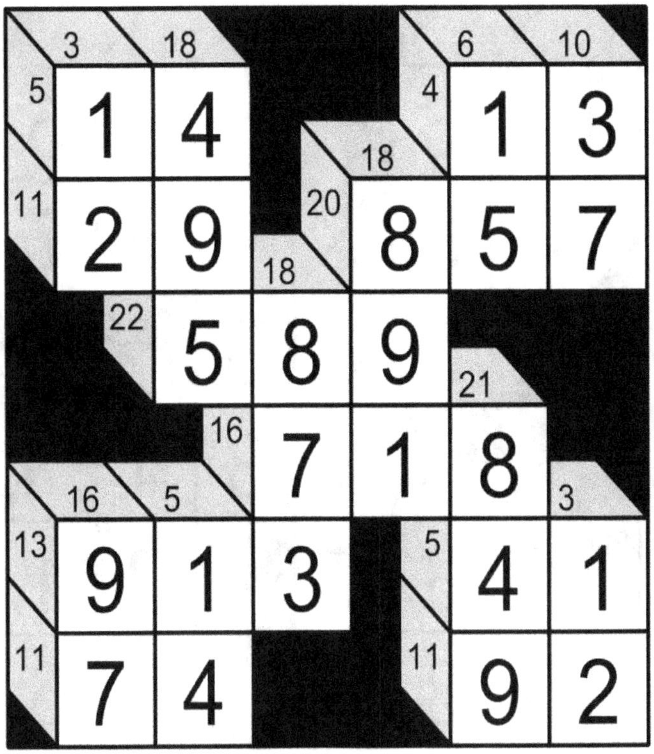

Answer 50

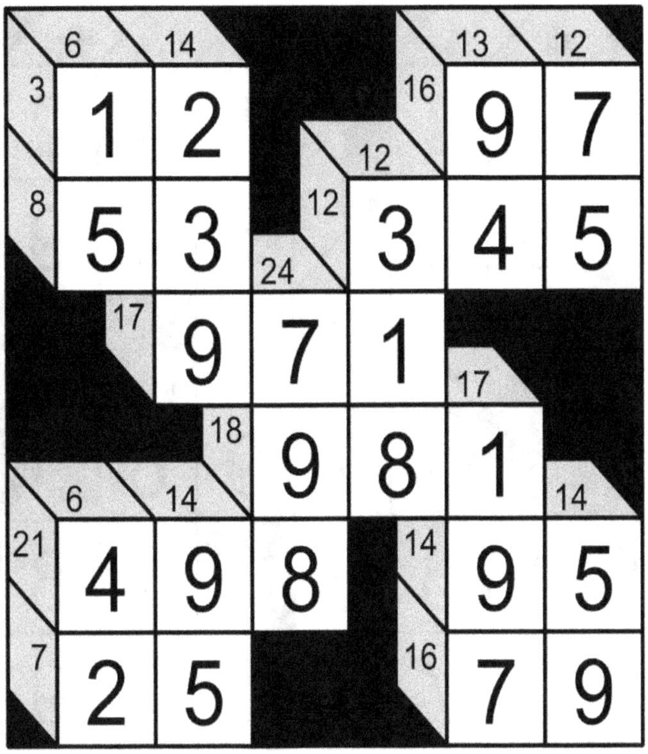

Answer 51

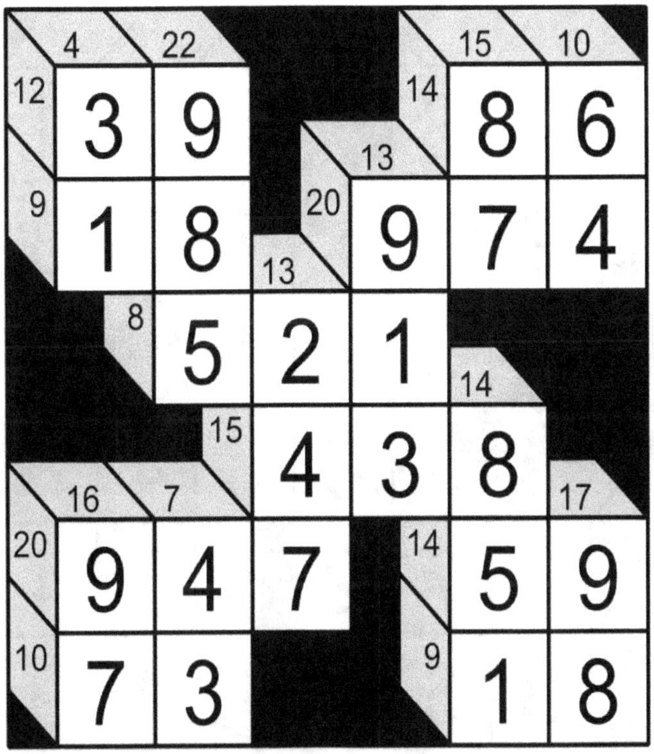

Answer 52

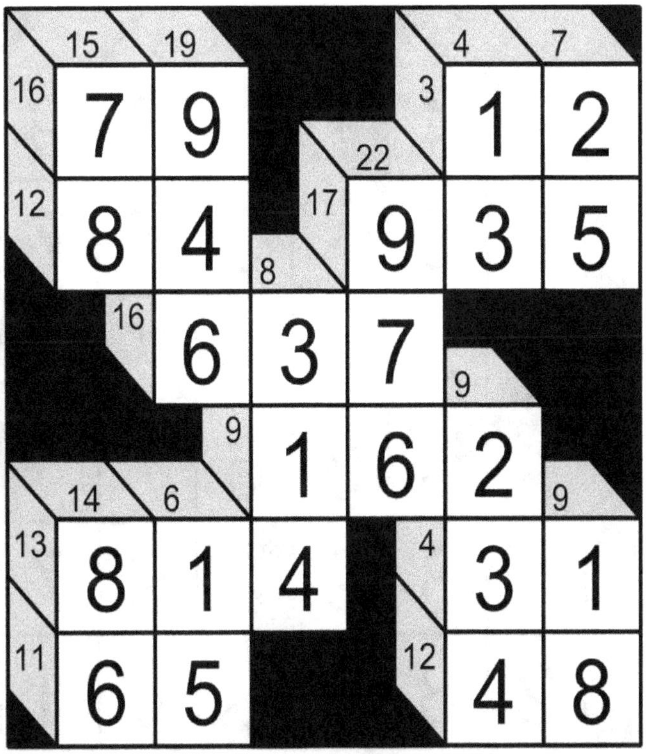

Answer 53

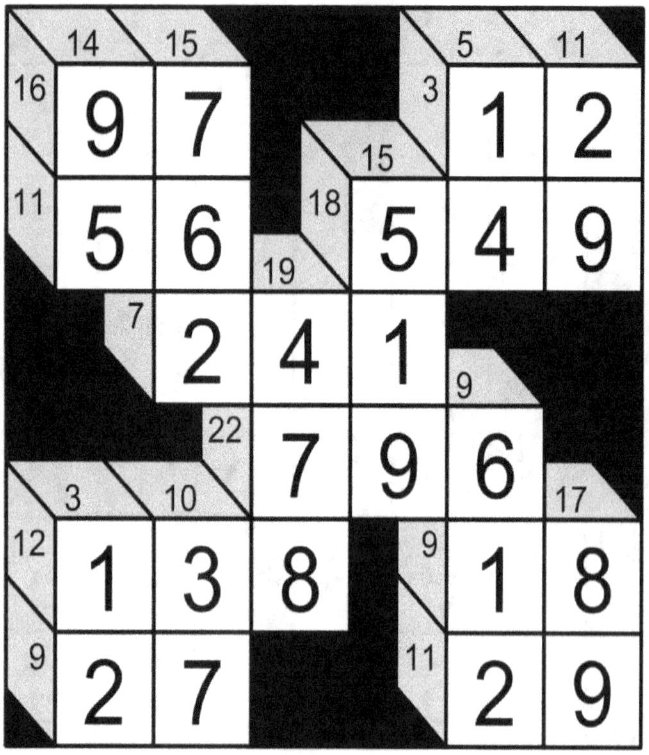

Answer 54

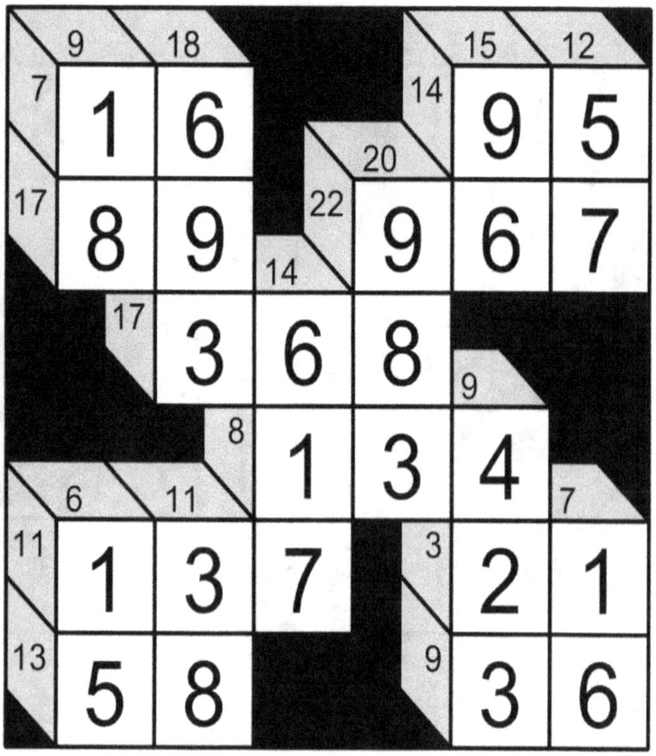

Answer 55

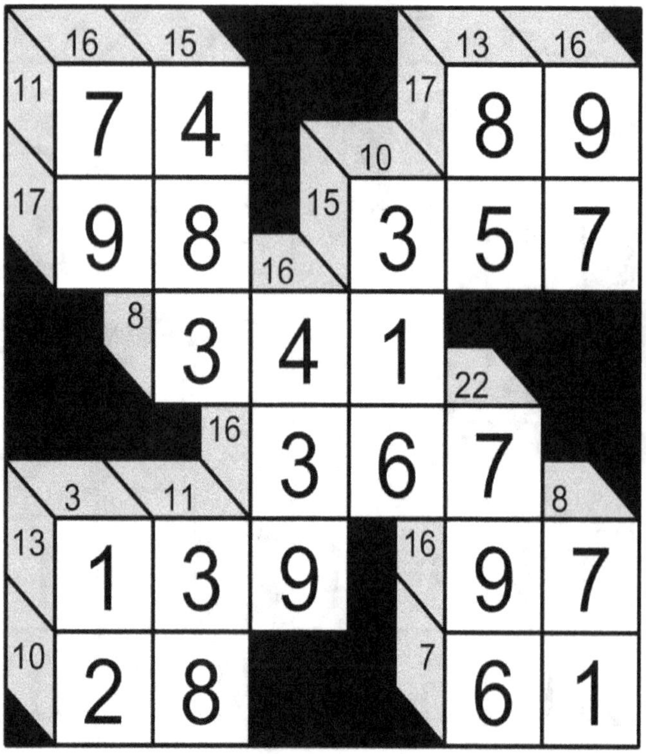

Answer 56

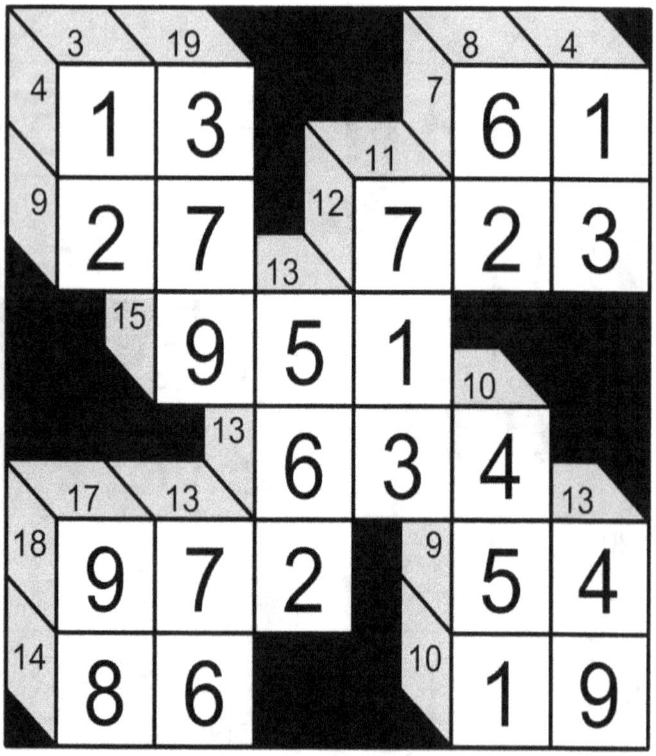

Answer 57

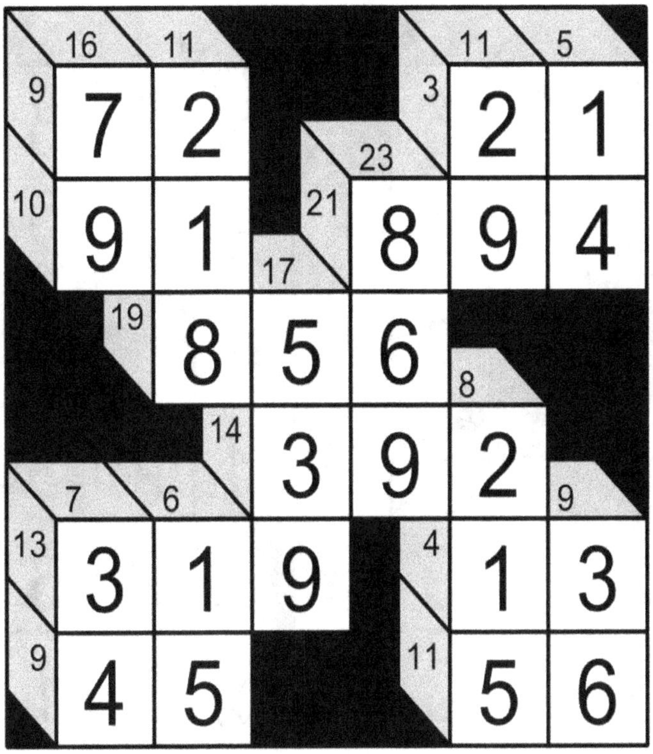

Answer 58

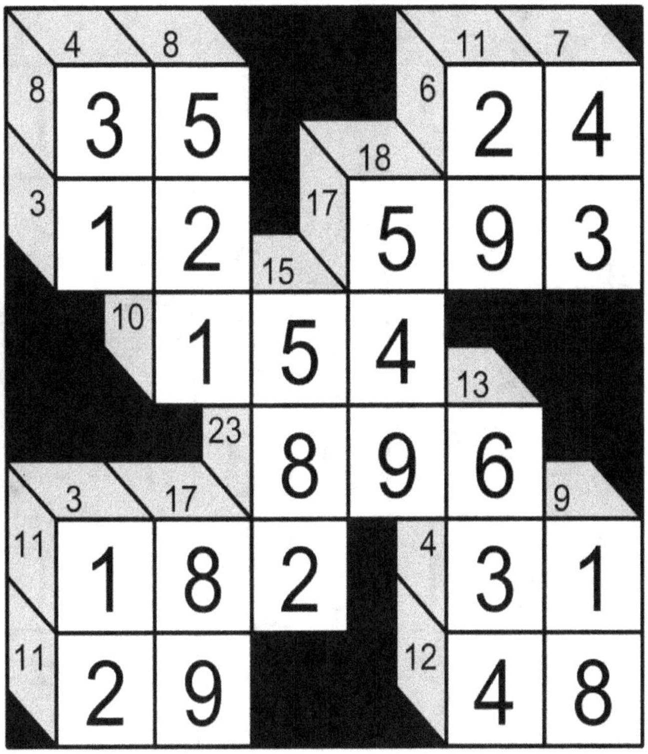

Answer 59

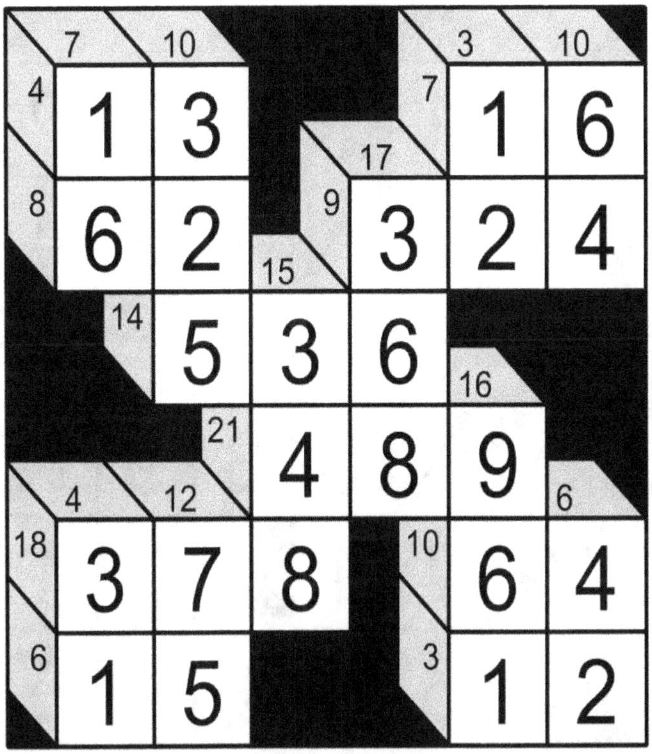

Answer 60

Answer 61

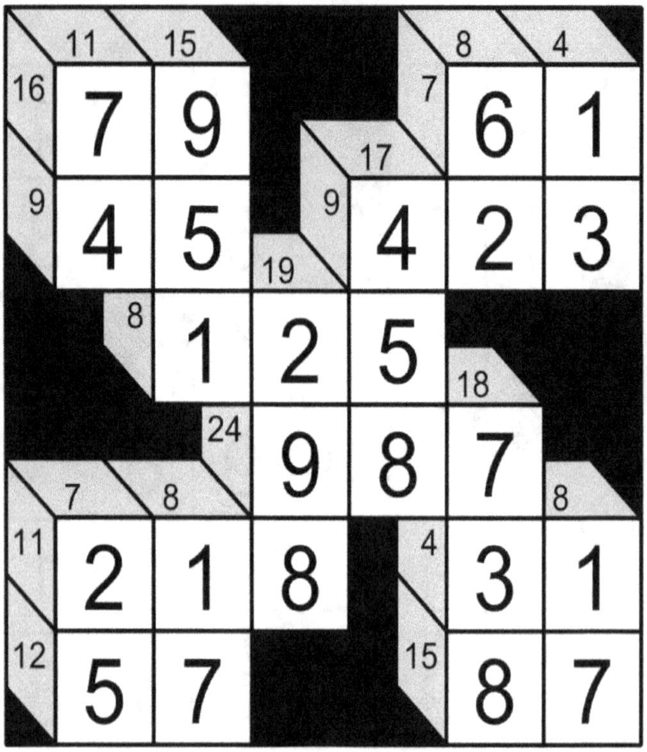

Answer 62

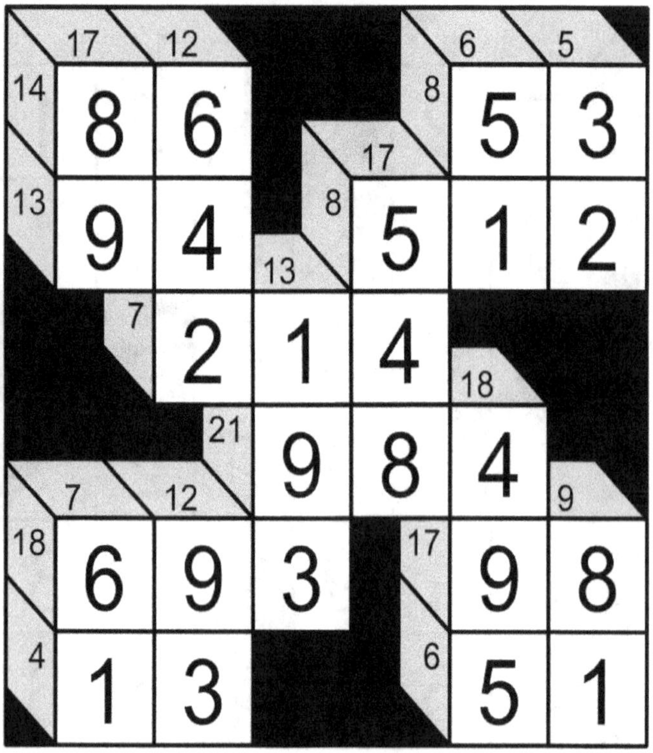

Answer 63

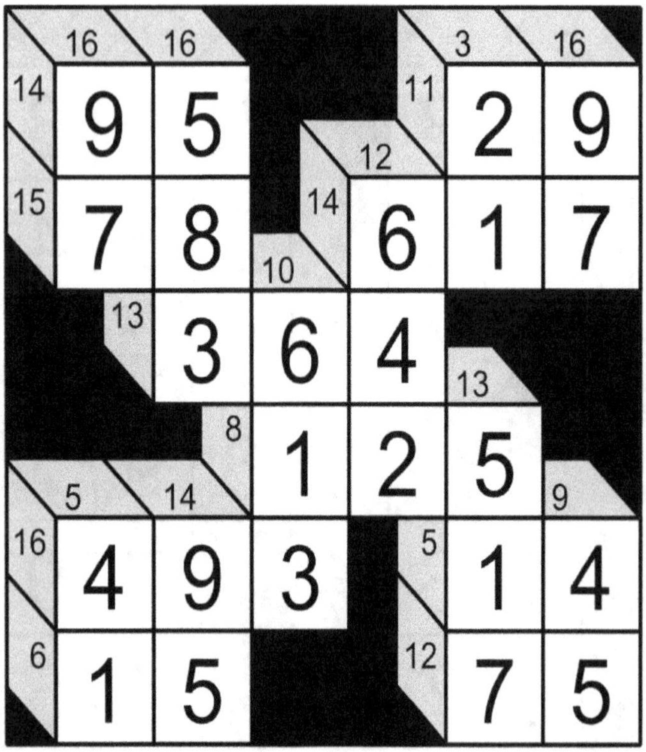

Answer 64

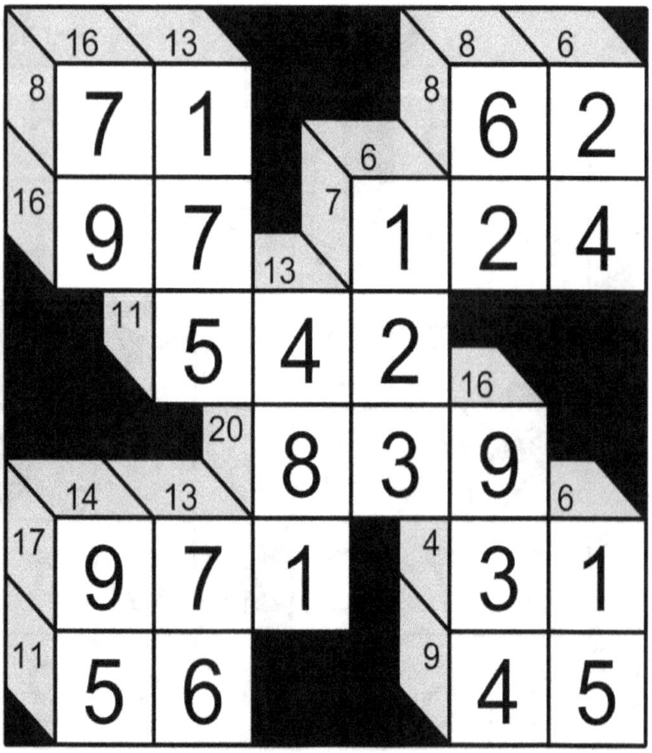

Answer 65

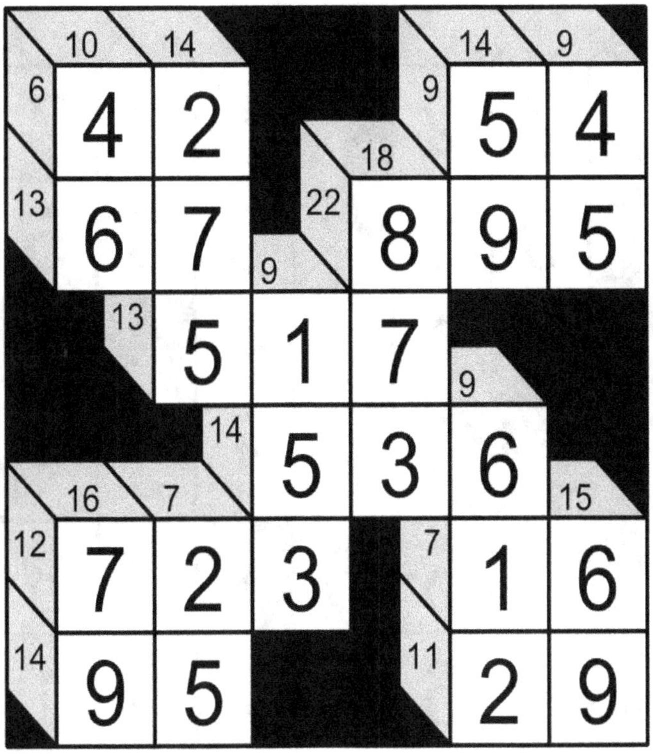

Answer 66

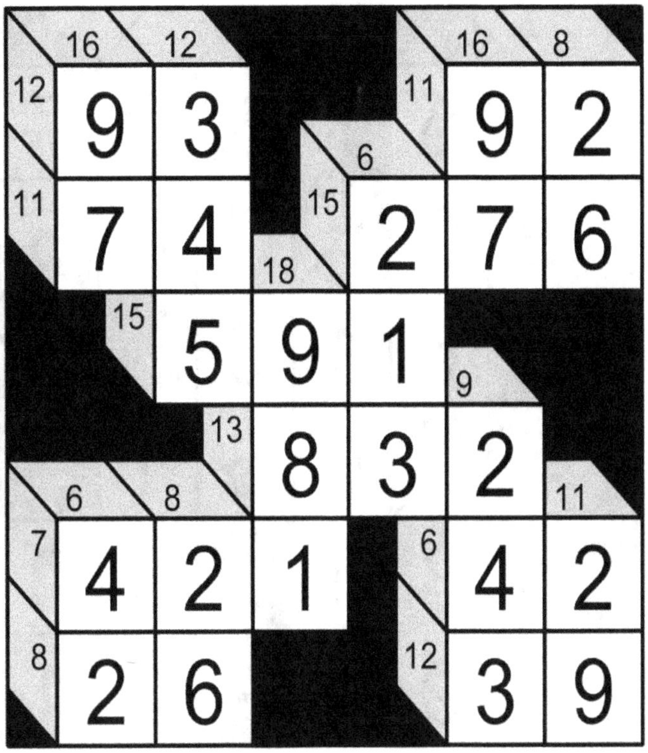

Answer 67

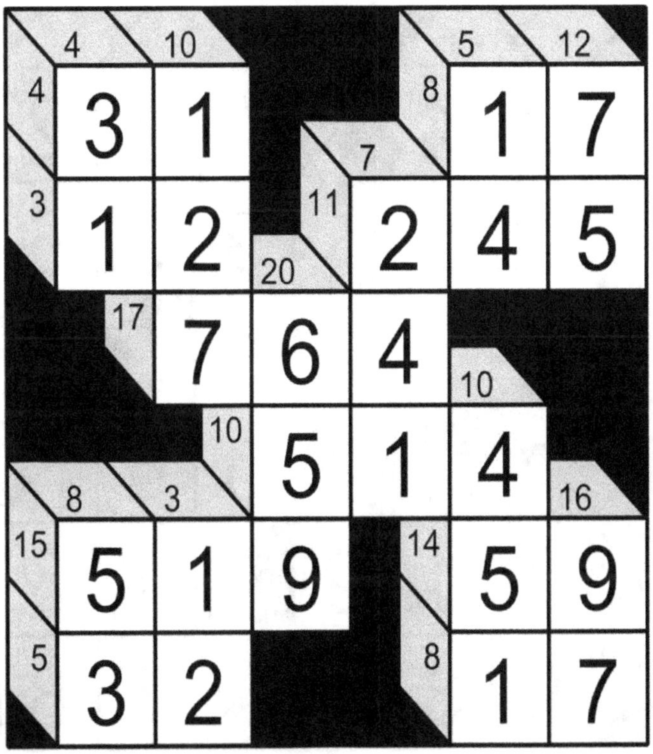

Answer 68

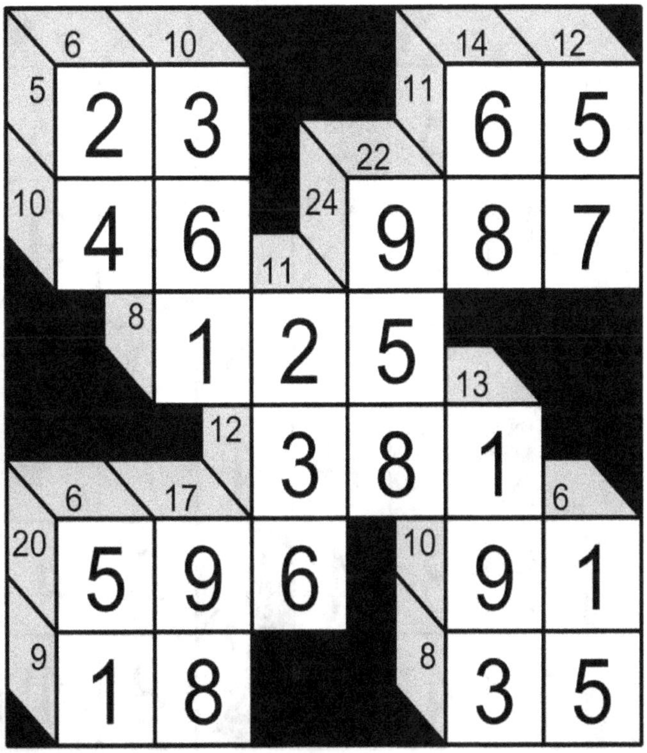

Answer 69

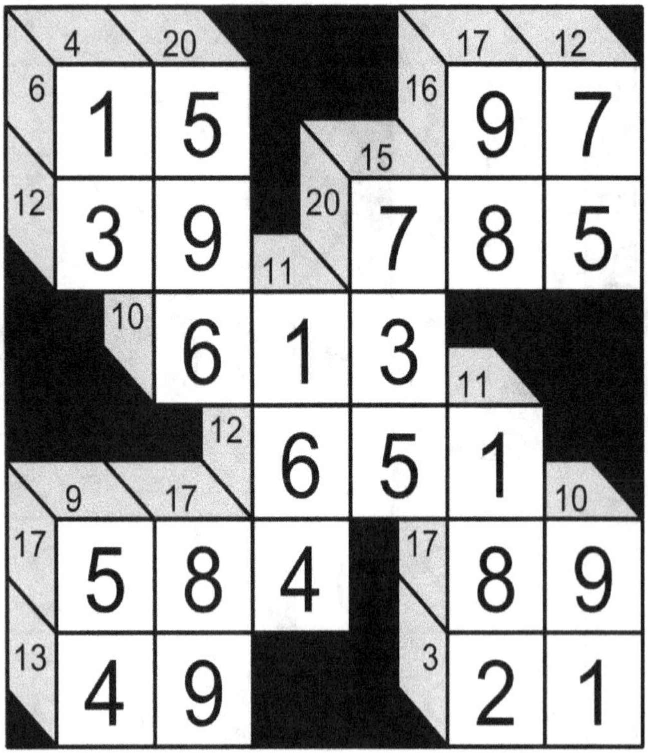

Answer 70

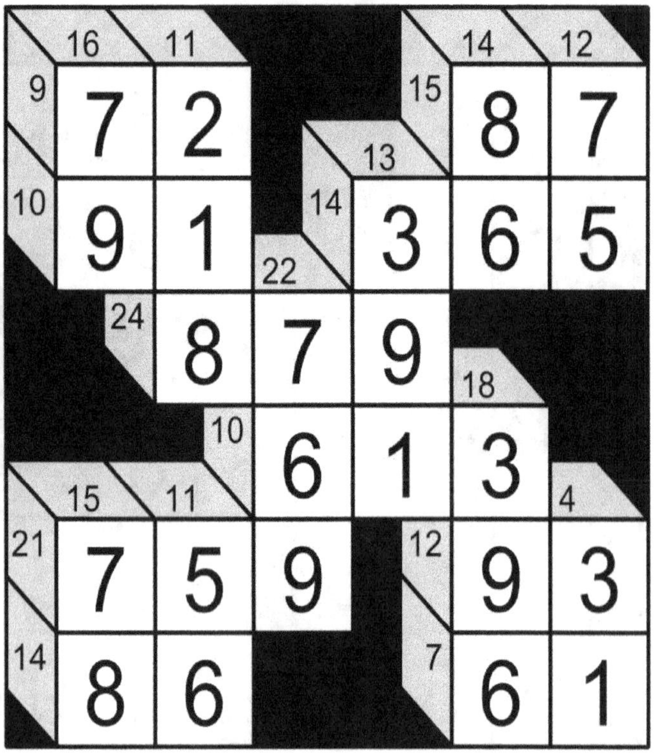

Answer 71

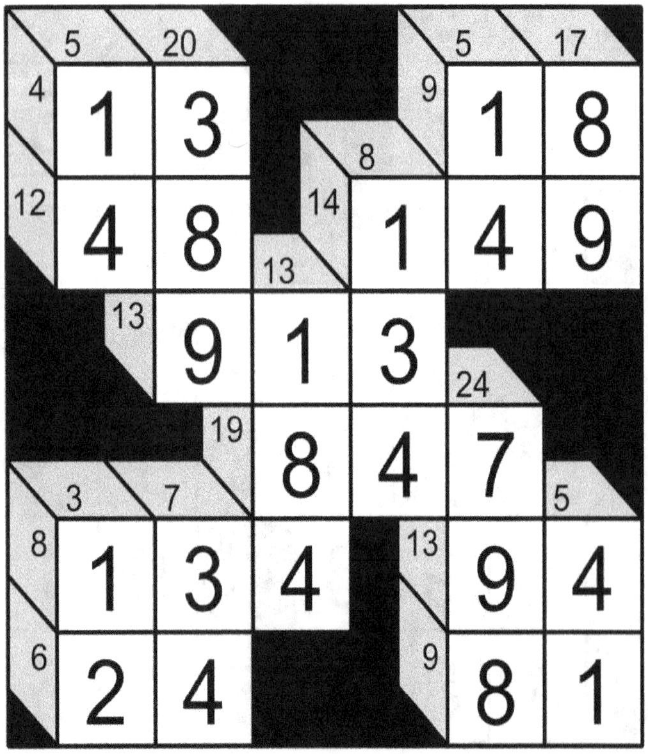

Answer 72

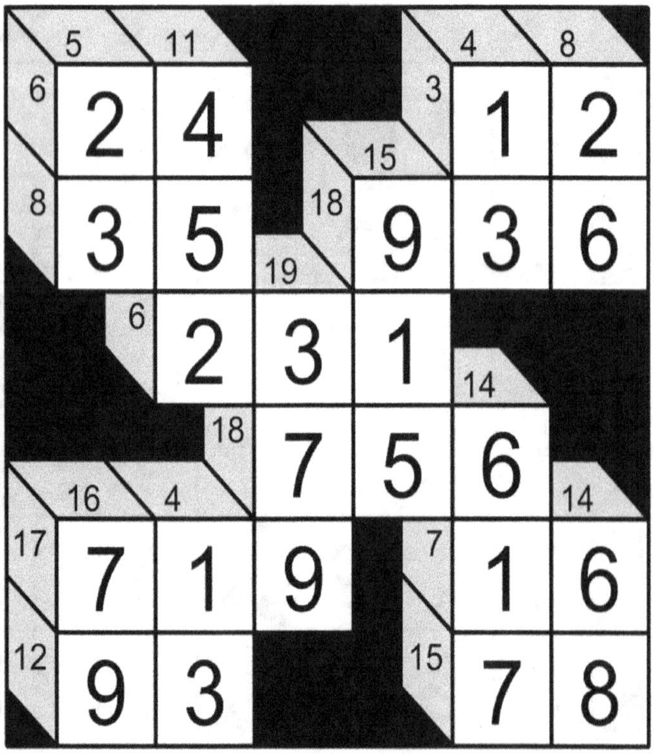

Answer 73

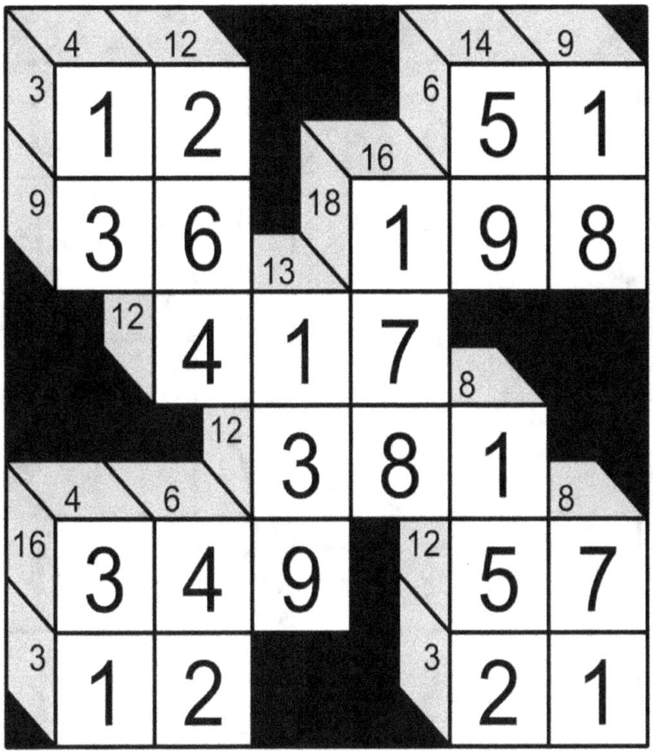

Answer 74

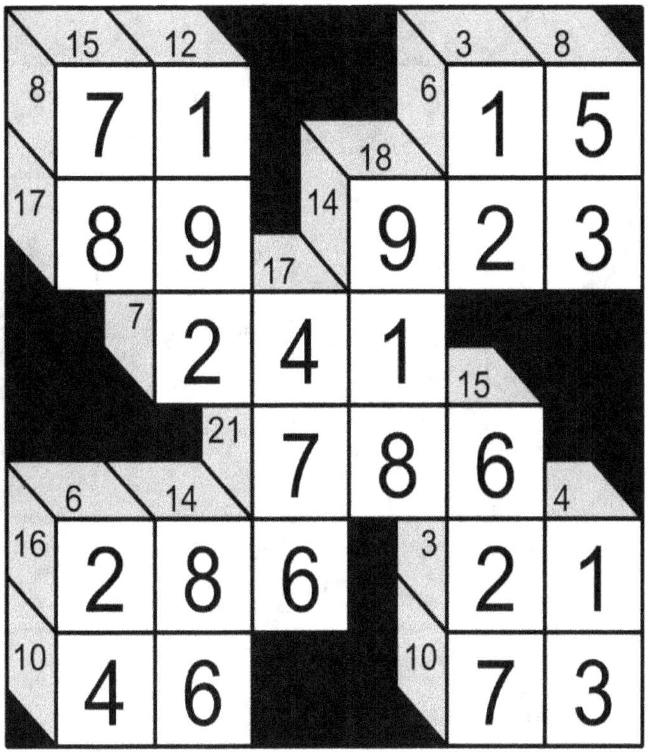

Answer 75

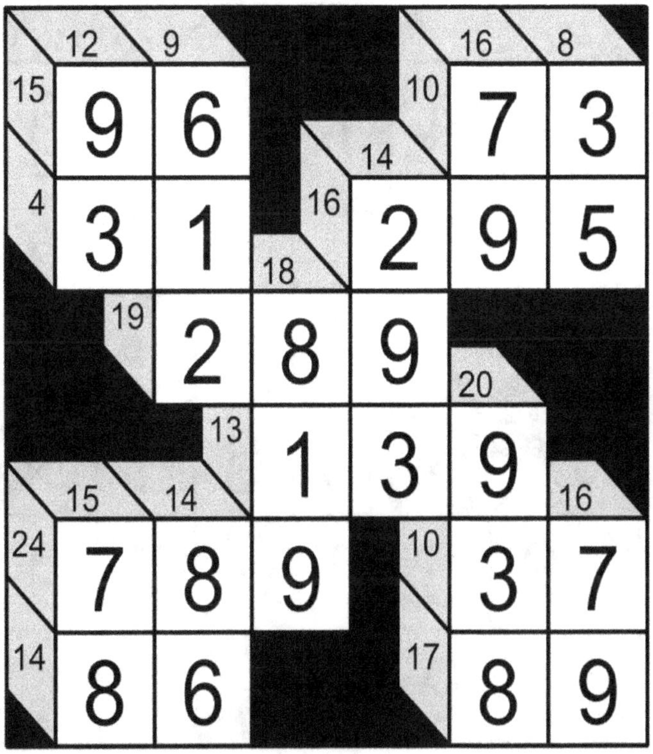

Answer 76

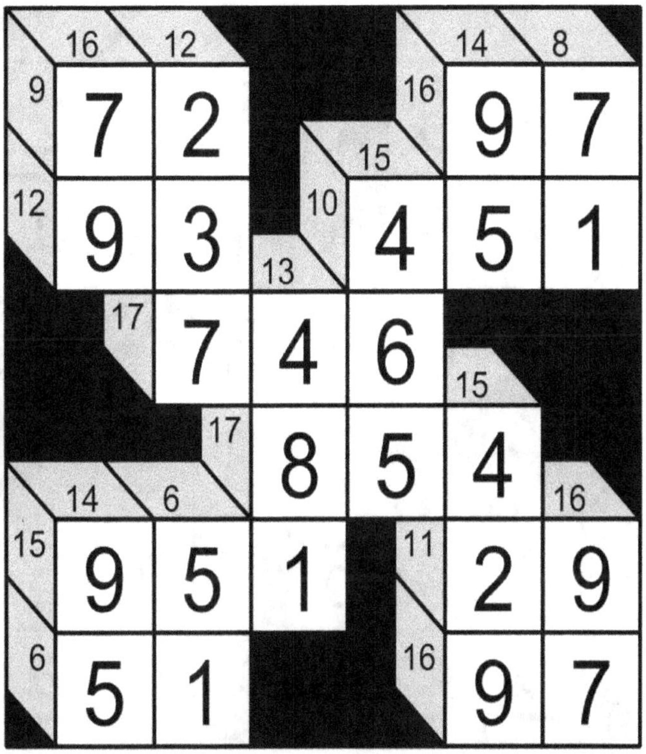

Answer 77

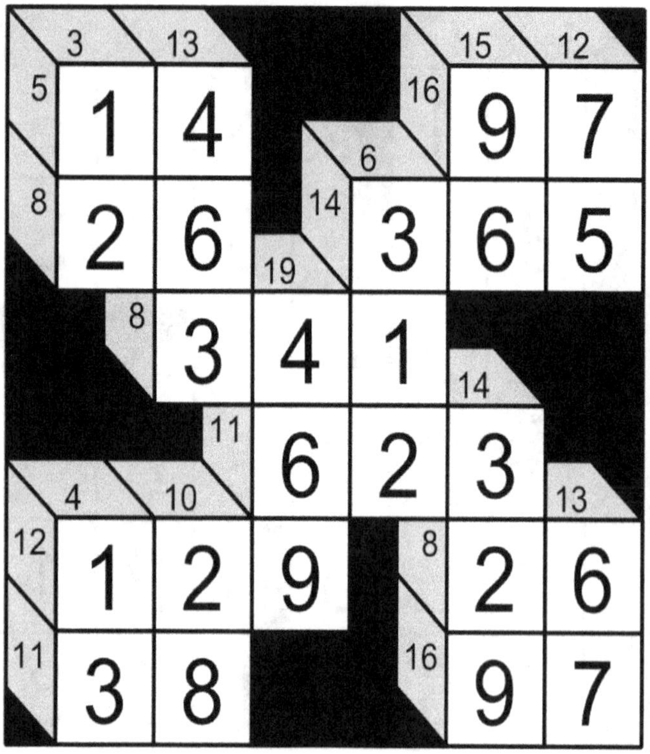

Answer 78

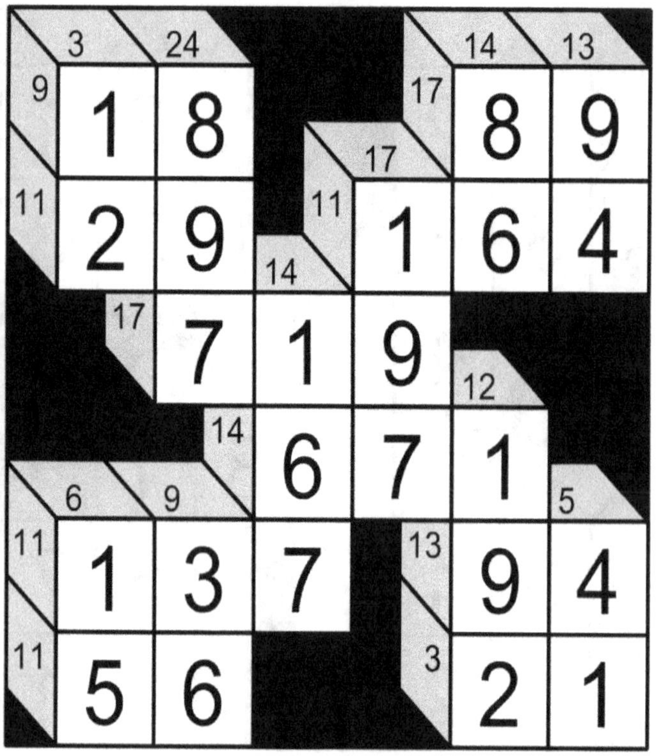

Answer 79

Answer 80

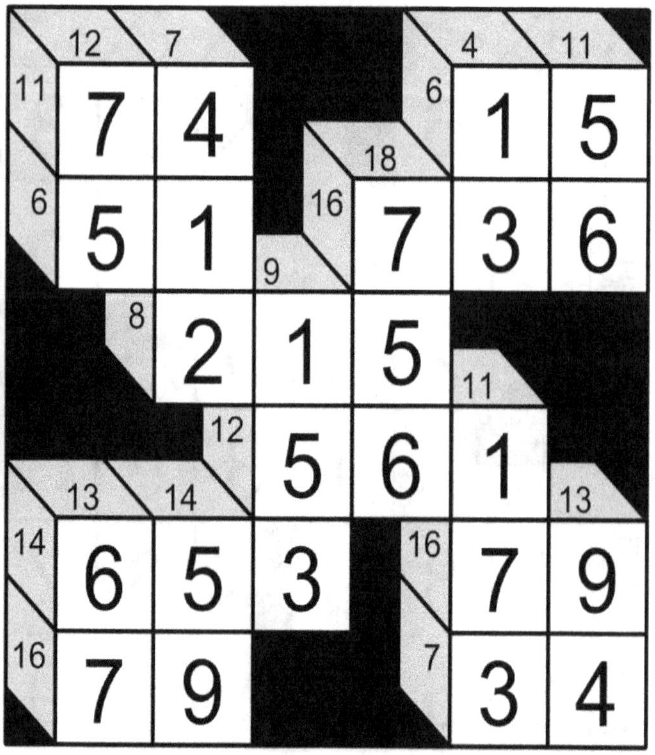

Answer 81

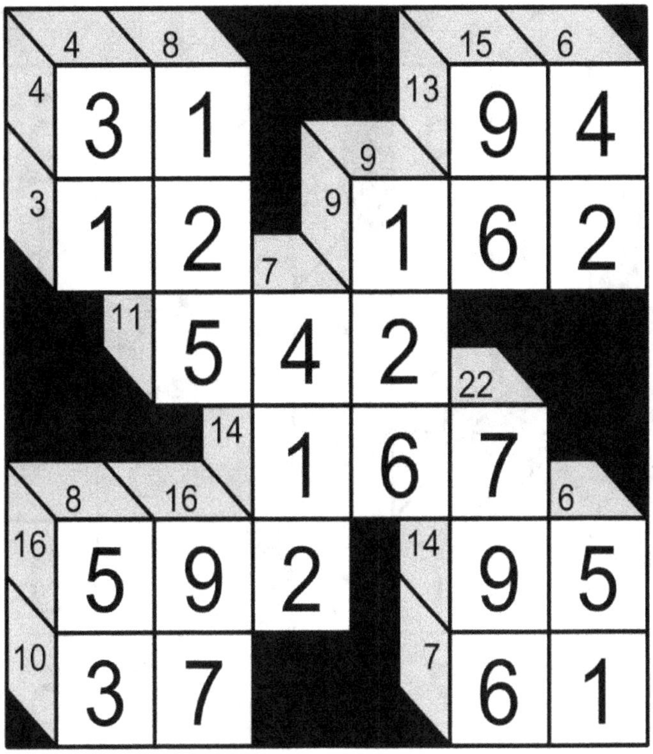
3 1 9 4
1 2 1 6 2
5 4 2
1 6 7
5 9 2 9 5
3 7 6 1

Answer 82

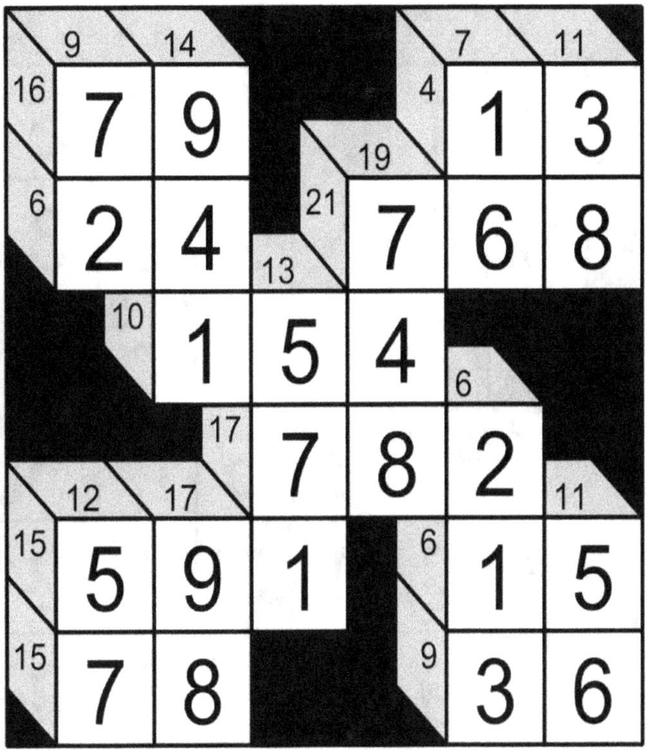
7 9 1 3
2 4 7 6 8
1 5 4
7 8 2
5 9 1 1 5
7 8 3 6

Answer 83

9 8 3 9
8 3 9 5 8
9 1 2
4 5 6
4 1 9 3 1
9 8 4 5

Answer 84

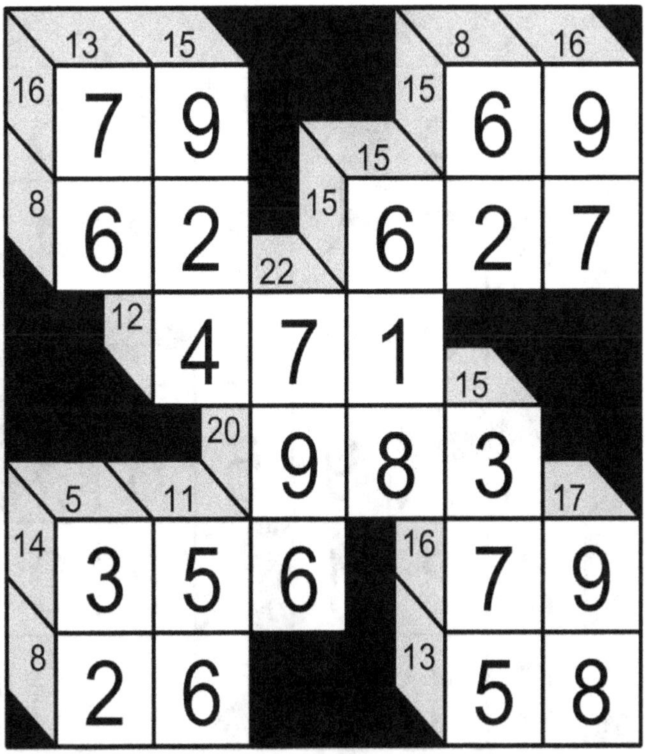
7 9 6 9
6 2 6 2 7
4 7 1
9 8 3
3 5 6 7 9
2 6 5 8

Answer 85

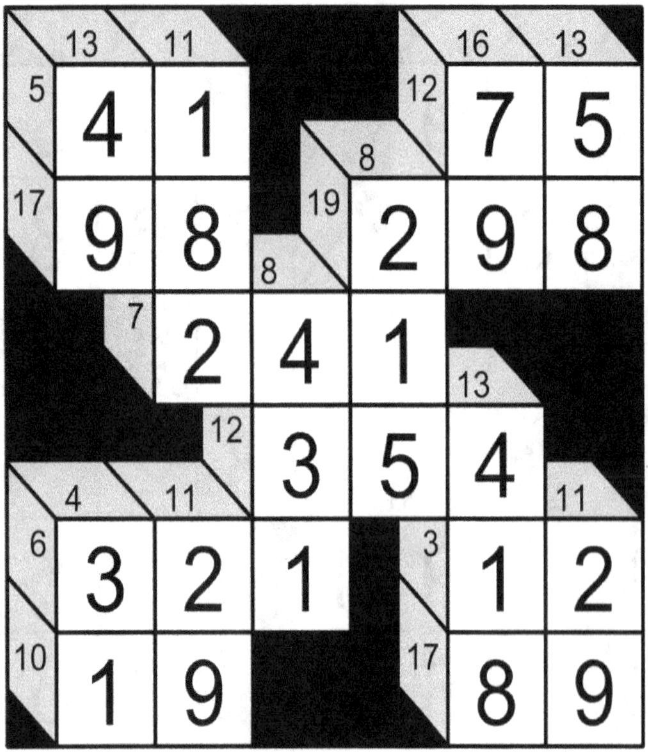

Answer 86

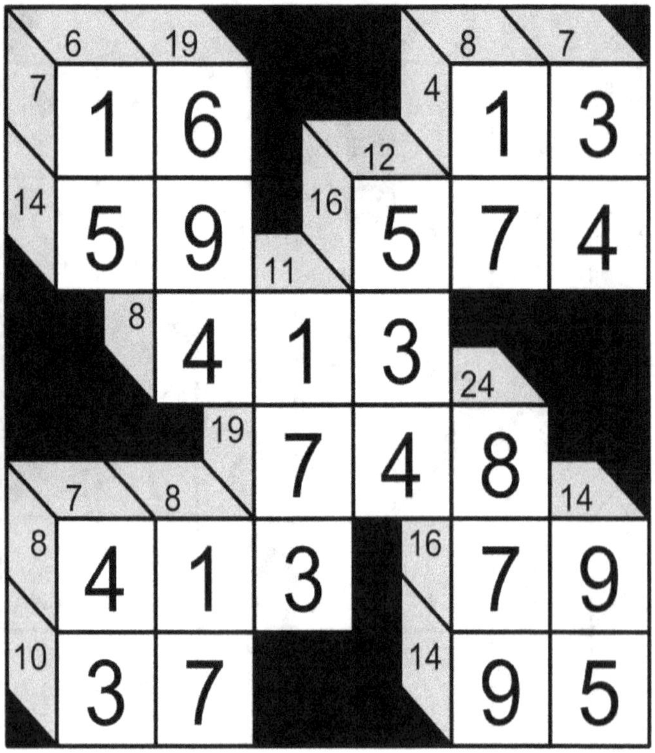

Answer 87

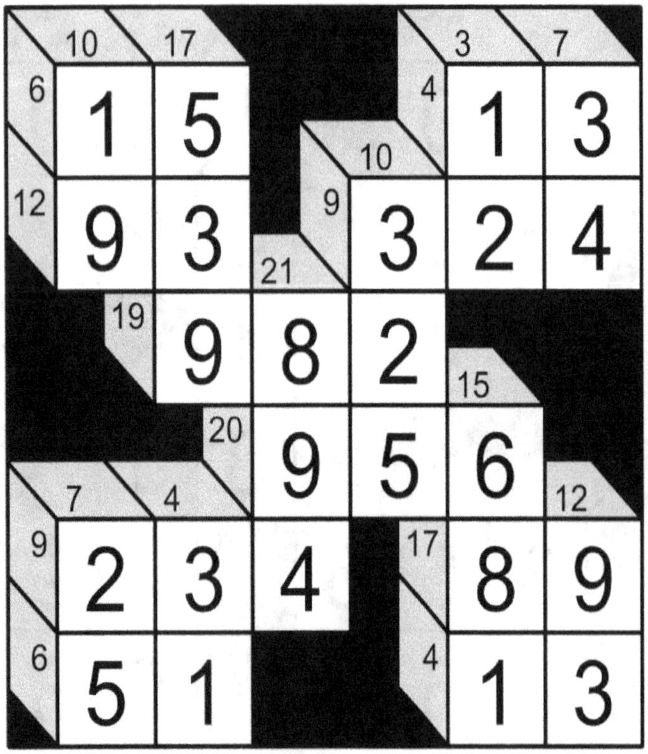

Answer 88

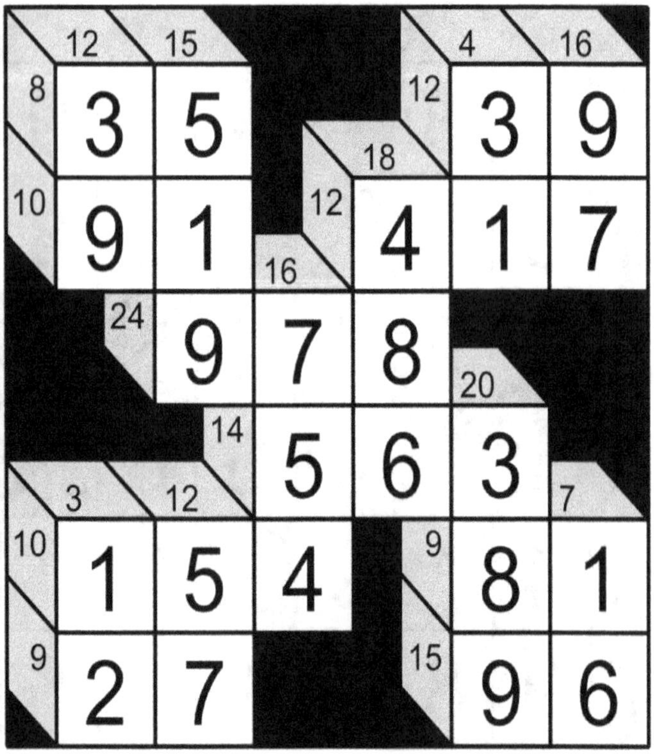

Answer 89

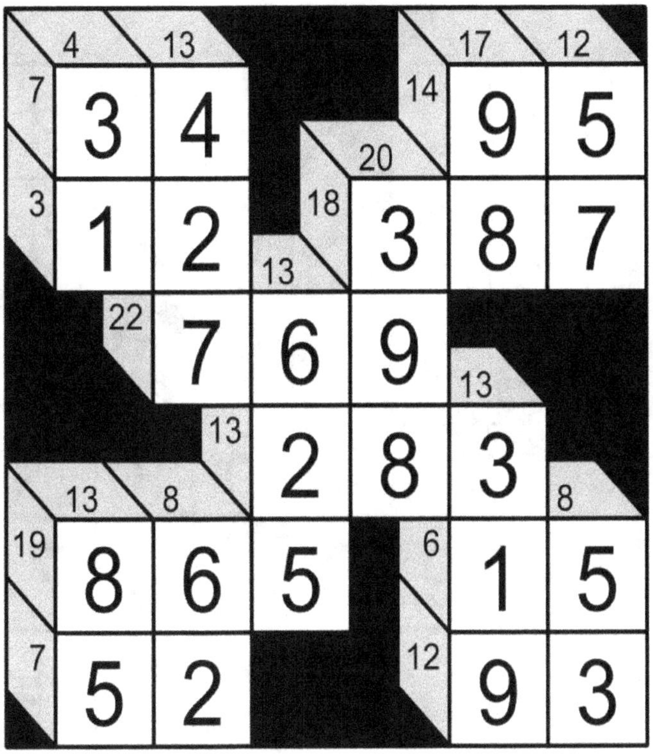

Answer 90

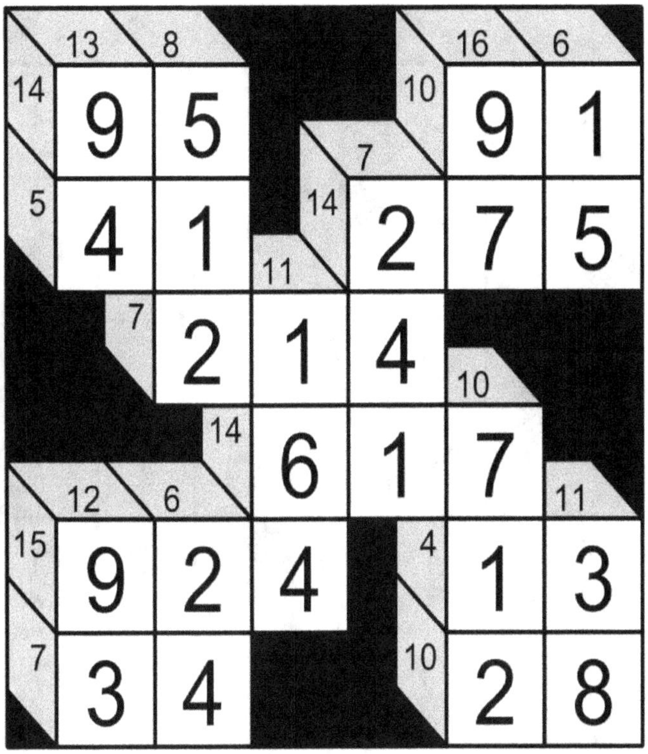

Answer 91

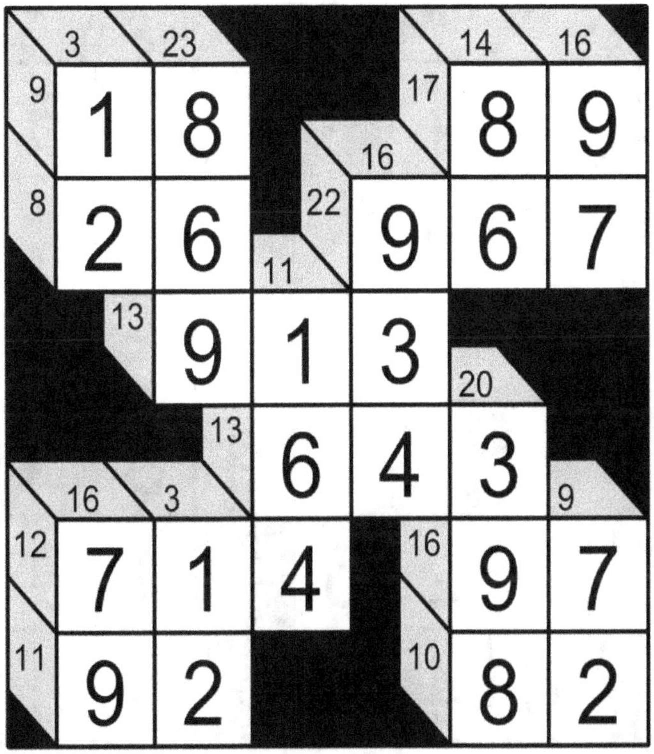

Answer 92

Answer 93

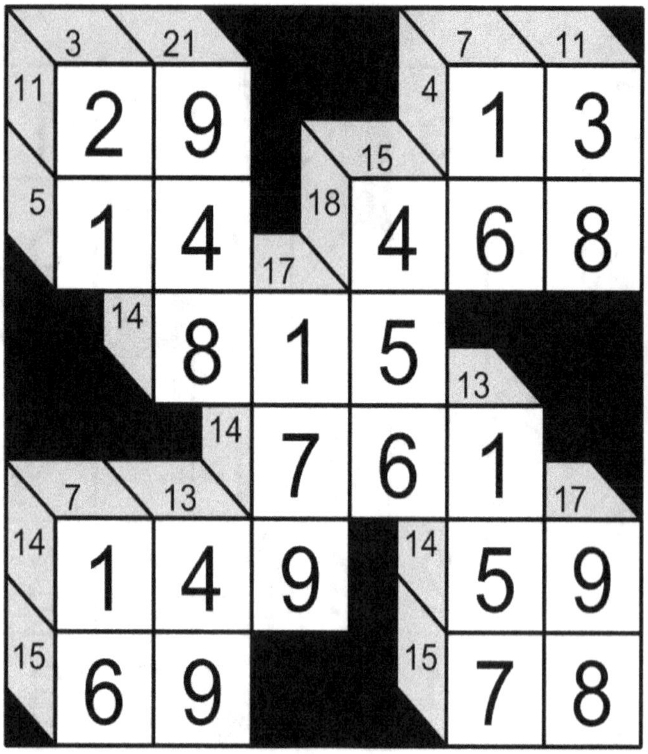

Answer 94

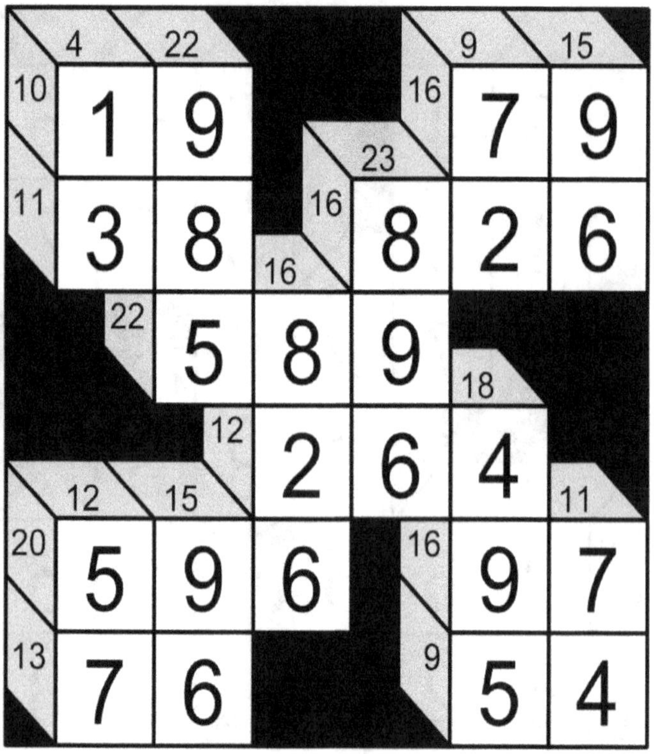

Answer 95

Answer 96

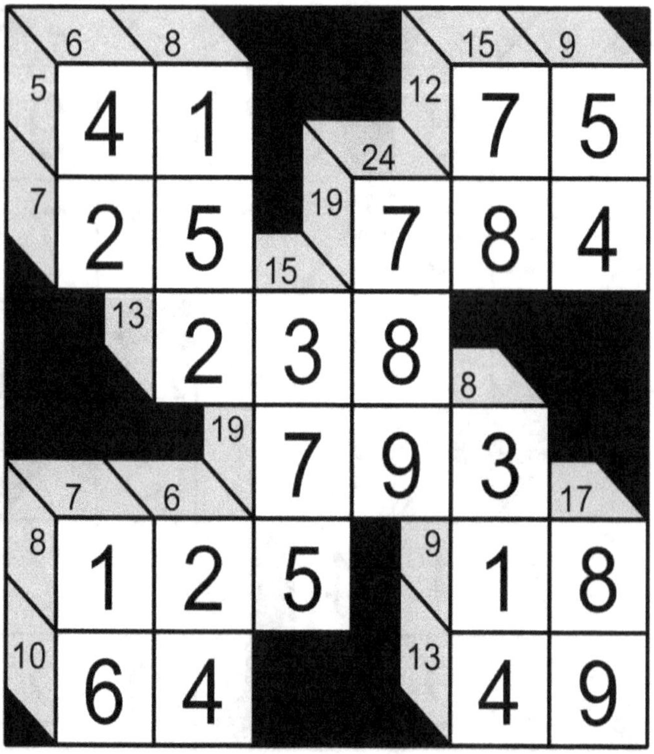

Answer 97

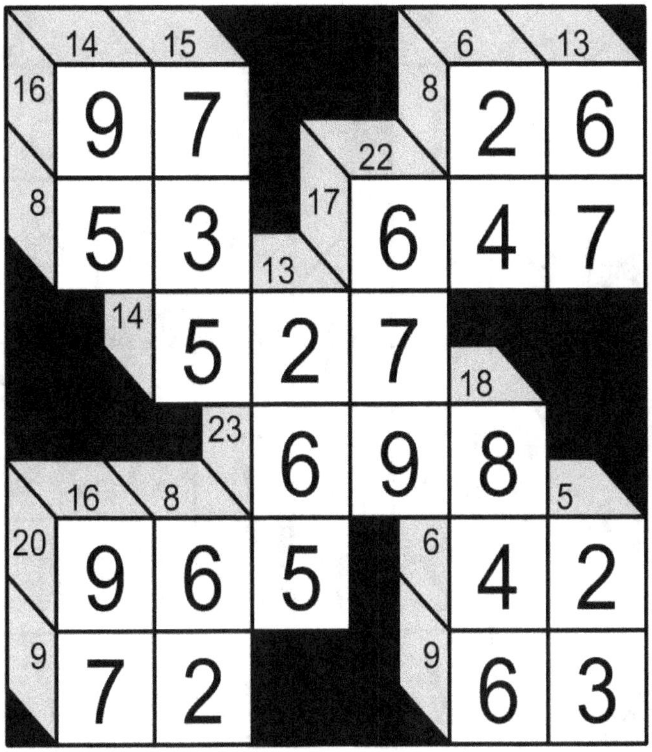

Answer 98

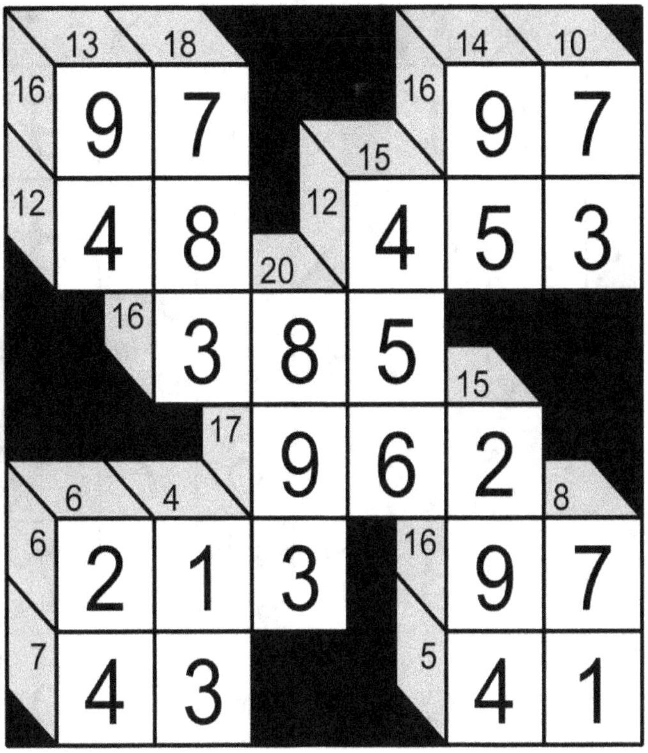

Answer 99

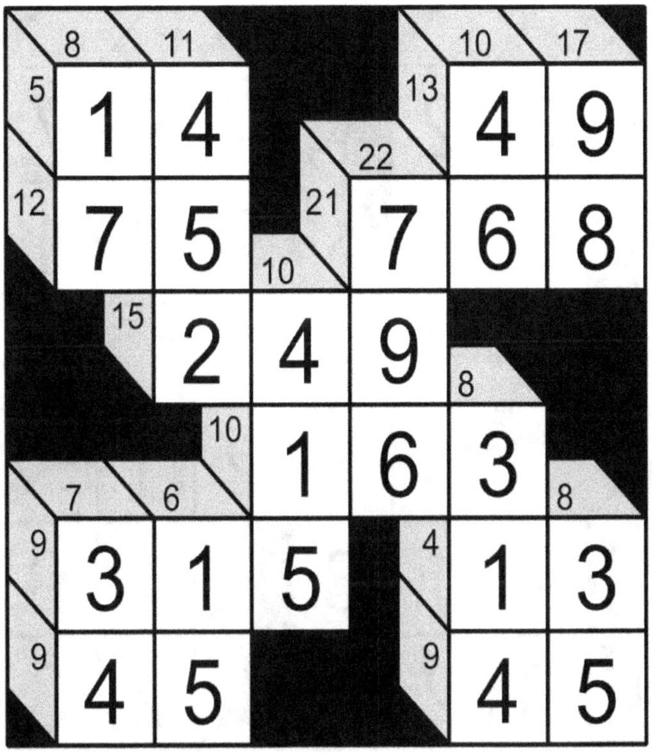

Answer 100

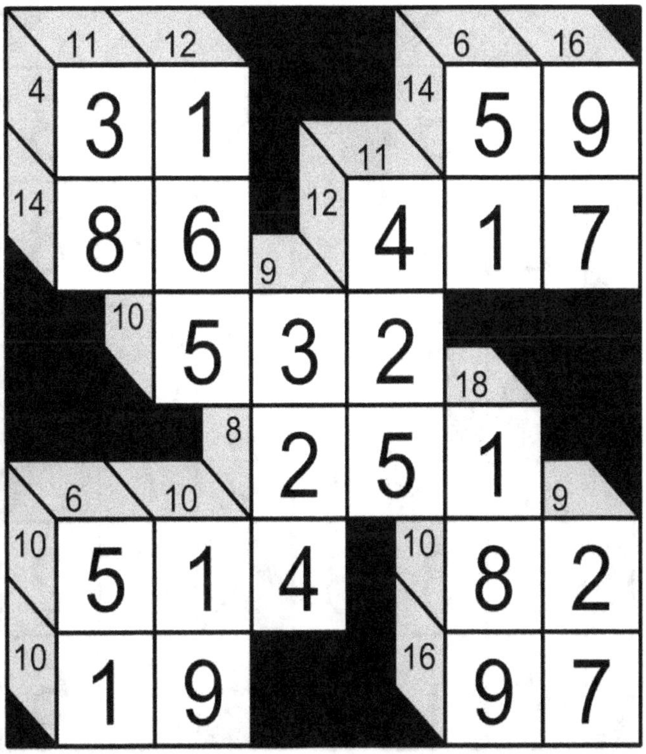

Answer 101

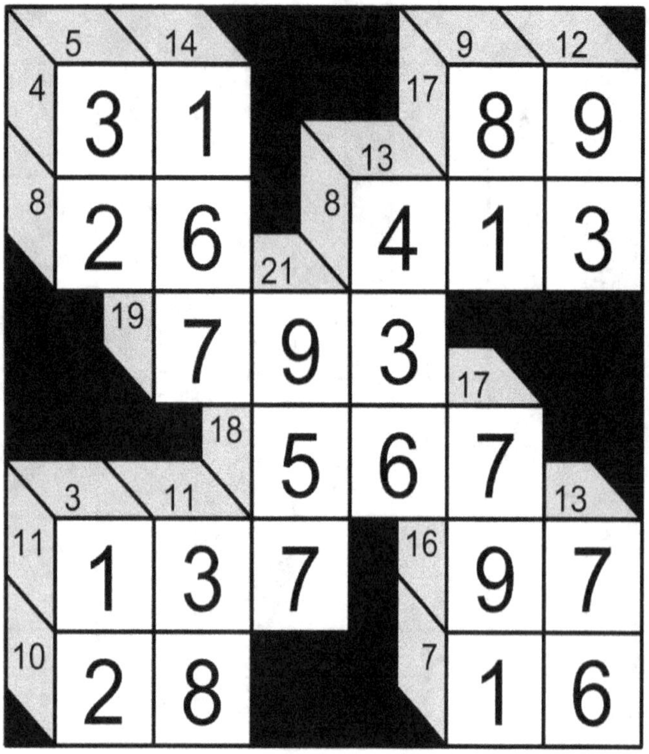

Answer 102

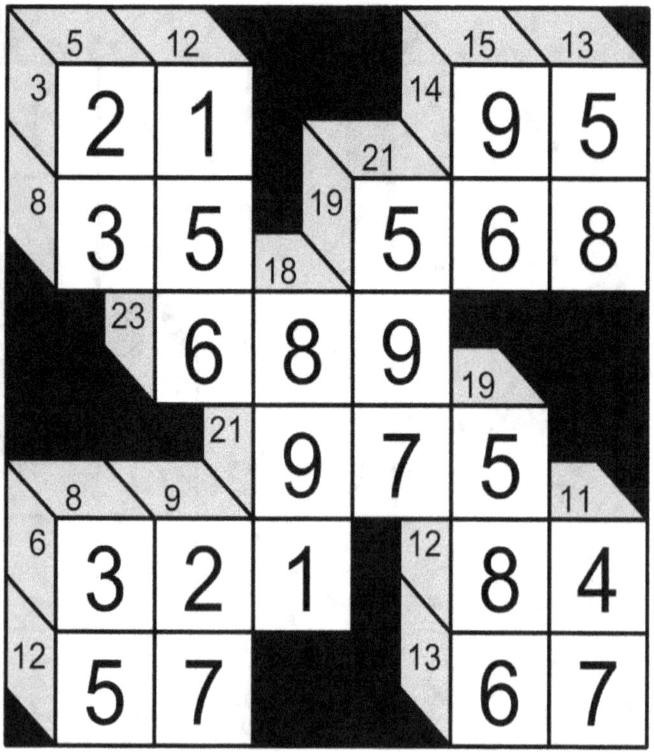

Answer 103

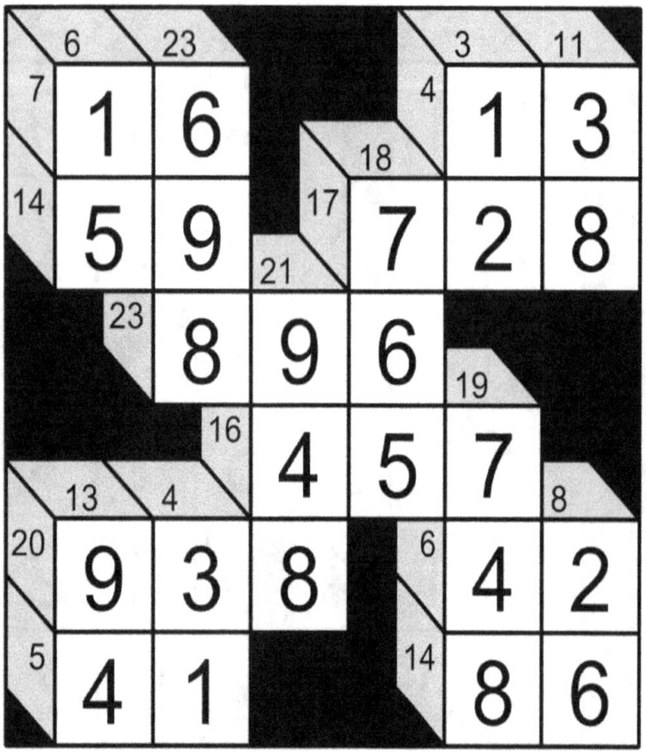

Answer 104

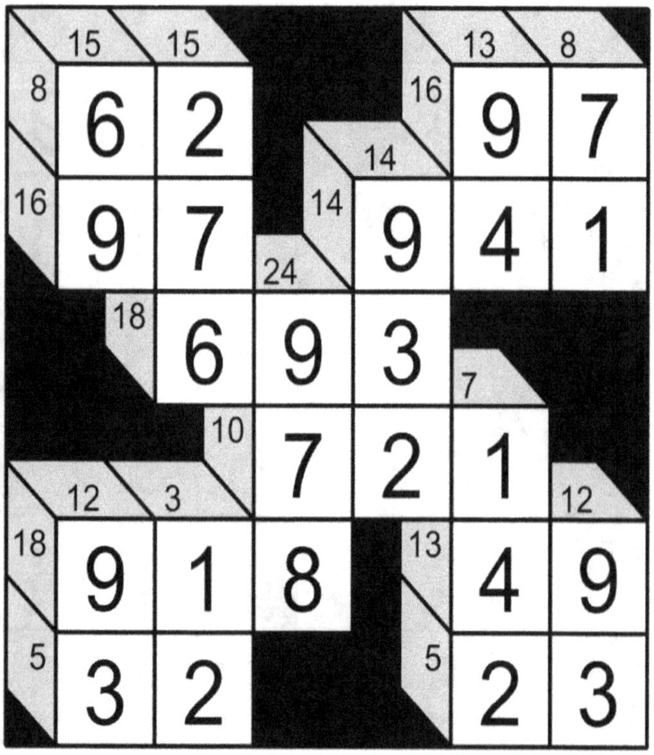

Answer 105

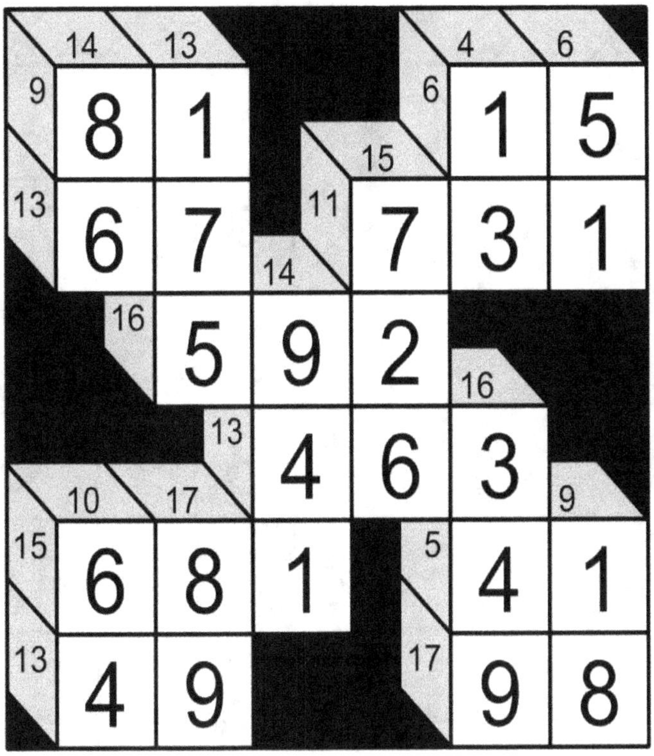
14 13 4 6
9 8 1 6 1 5
15
13 6 7 11 7 3 1
14
16 5 9 2
16
13 4 6 3
10 17 9
15 6 8 1 5 4 1
13 4 9 17 9 8

Answer 106

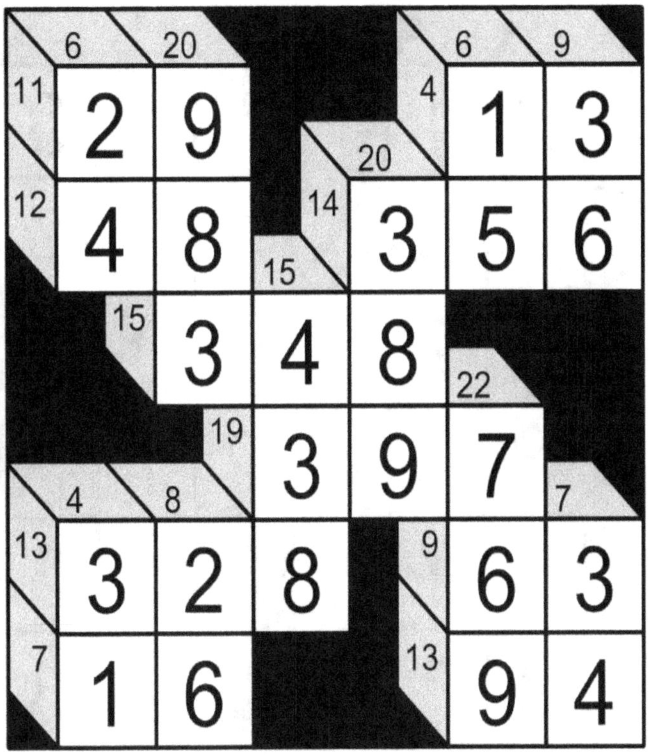
6 20 6 9
11 2 9 4 1 3
20
12 4 8 14 3 5 6
15
15 3 4 8
22
19 3 9 7
4 8 7
13 3 2 8 9 6 3
7 1 6 13 9 4

Answer 107

4 20 14 13
10 1 9 16 9 7
16
11 3 8 18 7 5 6
24
20 3 9 8
24
18 8 1 9
4 16 11
17 1 9 7 17 8 9
10 3 7 9 7 2

Answer 108

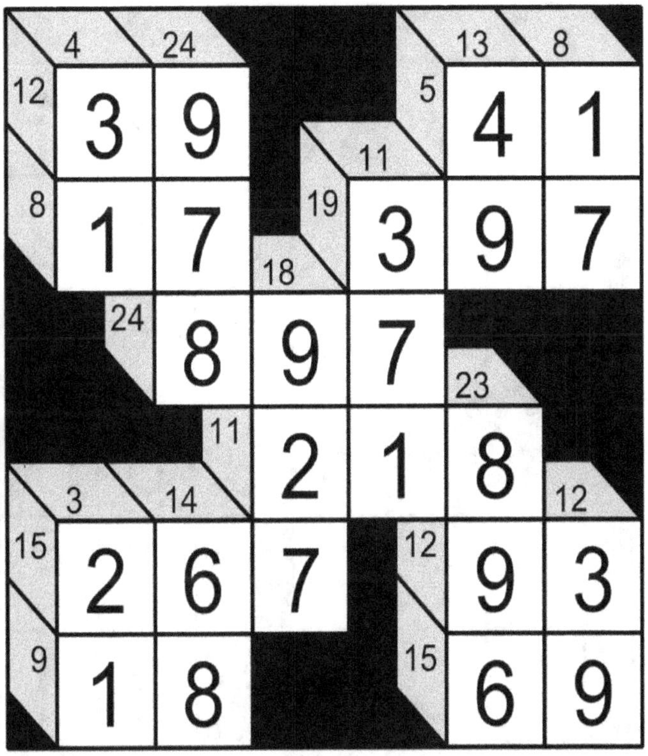
4 24 13 8
12 3 9 5 4 1
11
8 1 7 19 3 9 7
18
24 8 9 7
23
11 2 1 8
3 14 12
15 2 6 7 12 9 3
9 1 8 15 6 9

Answer 109

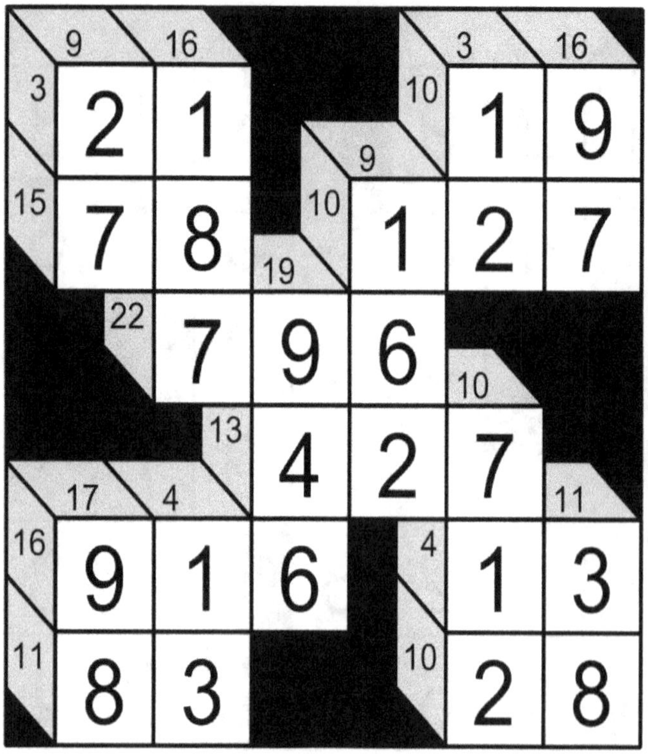

Answer 110

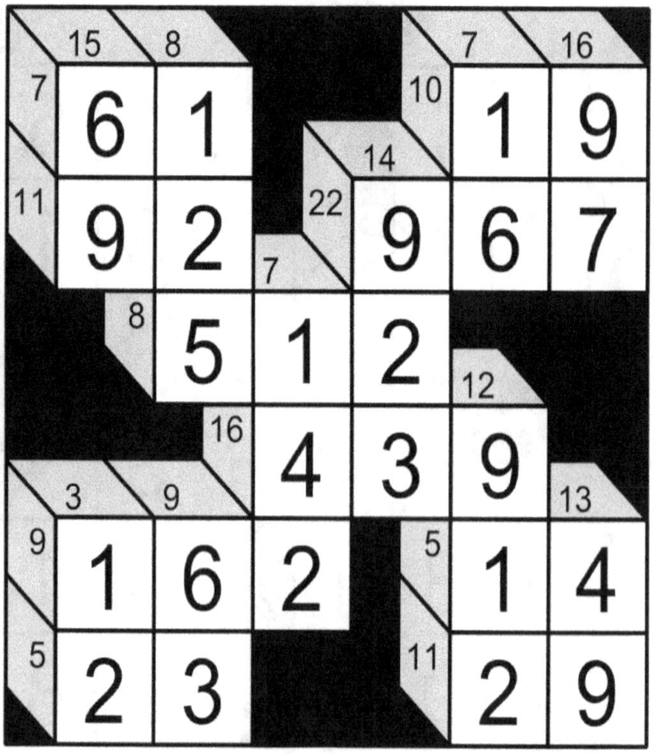

Answer 111

Answer 112

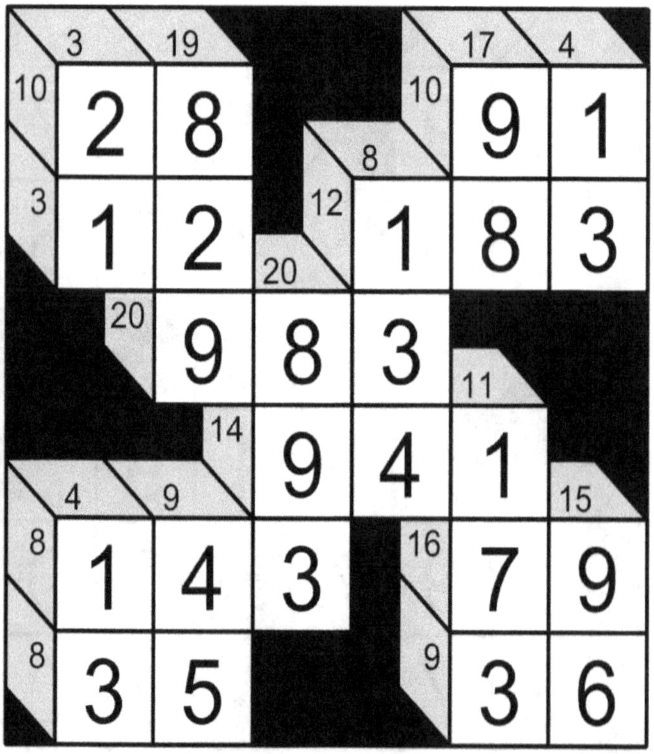

Answer 113

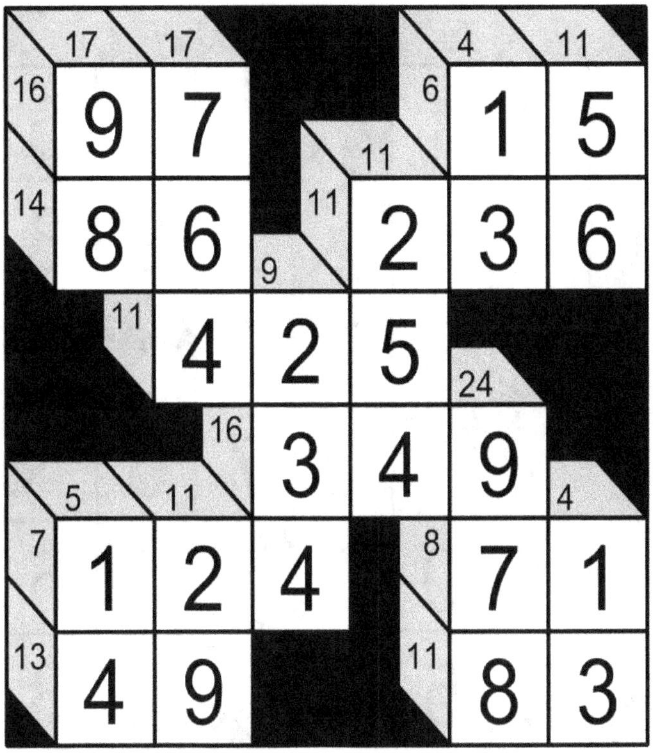

Answer 114

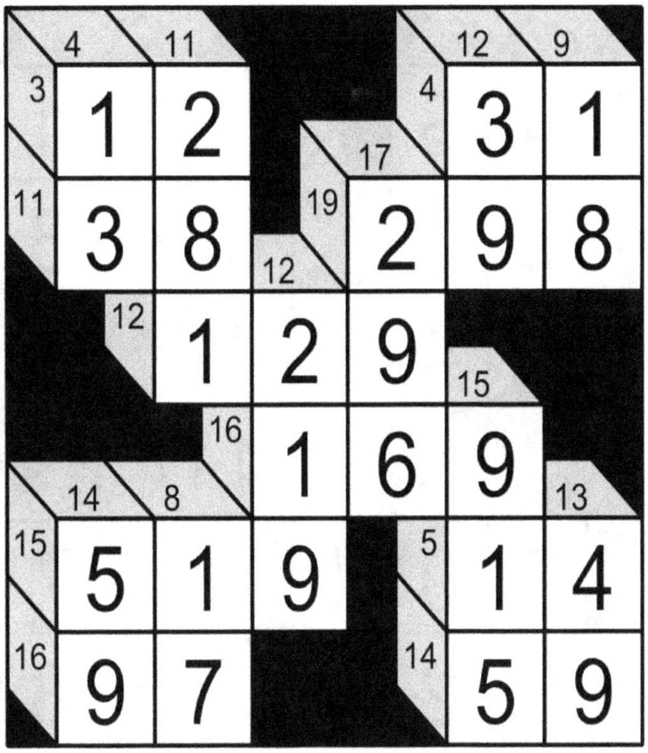

Answer 115

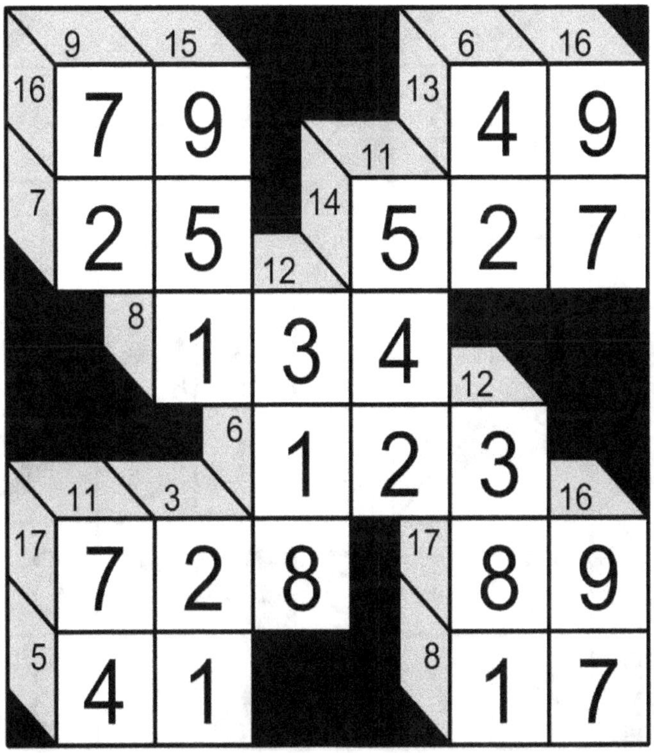

Answer 116

Answer 117

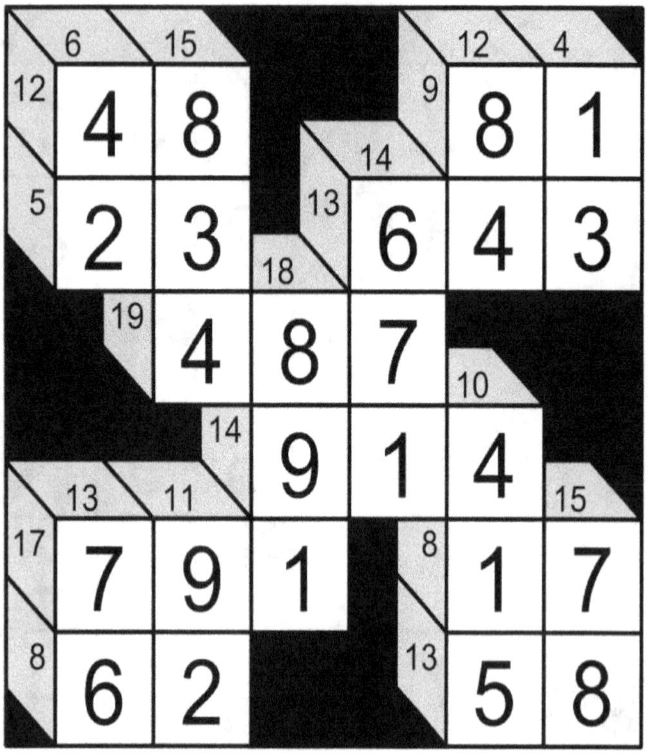
6 15 12 4
12 4 8 9 8 1
14
5 2 3 13 6 4 3
18
19 4 8 7
10
14 9 1 4
13 11 15
17 7 9 1 8 1 7
8 6 2 13 5 8

Answer 118

16 14 17 8
10 9 1 13 8 5
18
12 7 5 14 2 9 3
17
24 8 7 9
9
15 2 7 6
3 14 8
18 1 9 8 6 1 5
7 2 5 5 2 3

Answer 119

9 18 14 6
10 2 8 9 8 1
23
16 7 9 20 9 6 5
10
16 1 7 8
11
9 1 6 2
5 7 8
6 3 1 2 5 4 1
8 2 6 12 5 7

Answer 120

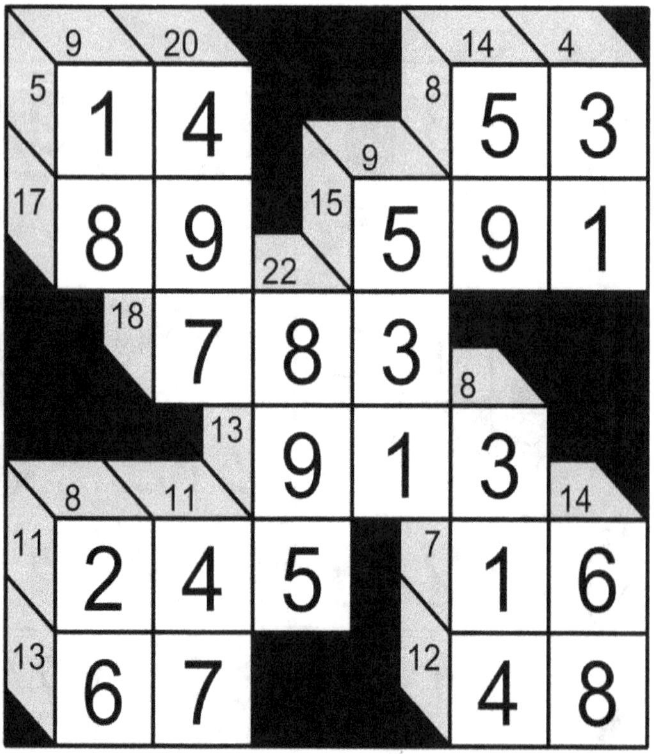
9 20 14 4
5 1 4 8 5 3
9
17 8 9 15 5 9 1
22
18 7 8 3
8
13 9 1 3
8 11 14
11 2 4 5 7 1 6
13 6 7 12 4 8

Answer 121

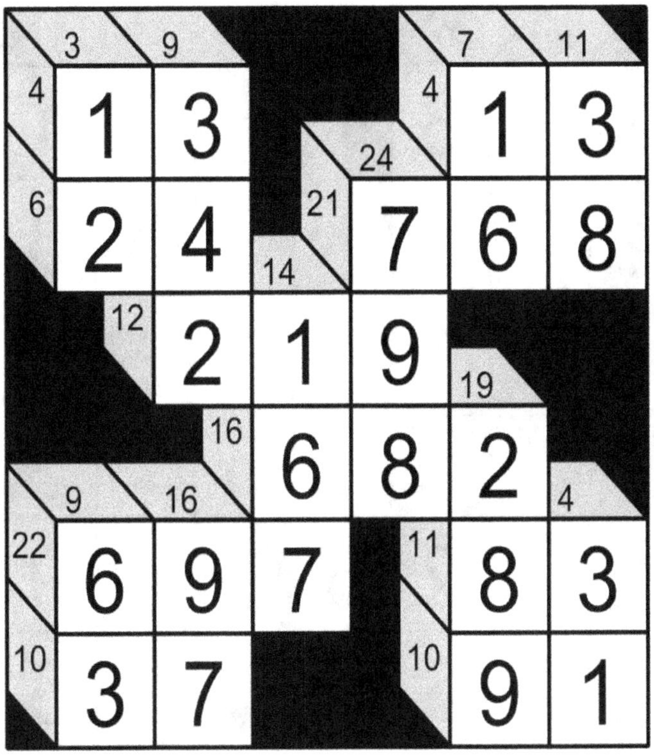

Answer 122

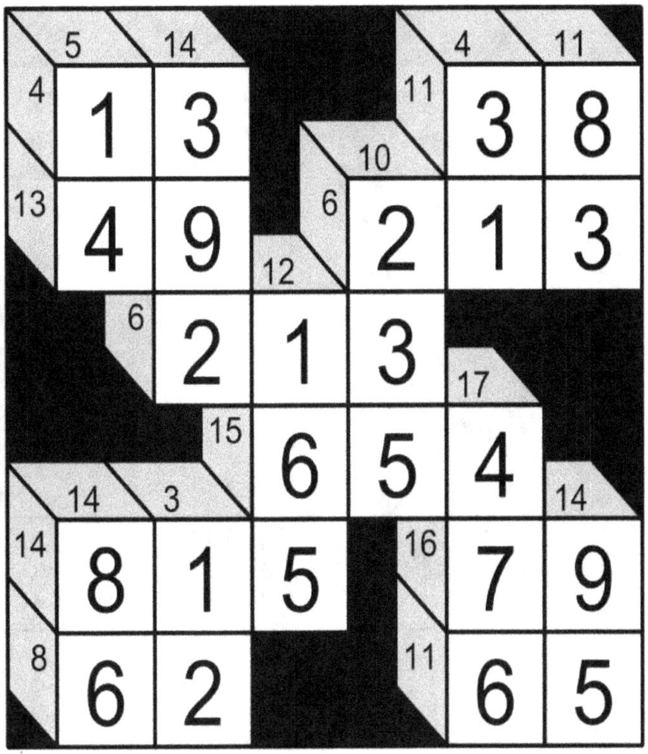

Answer 123

Answer 124

Answer 125

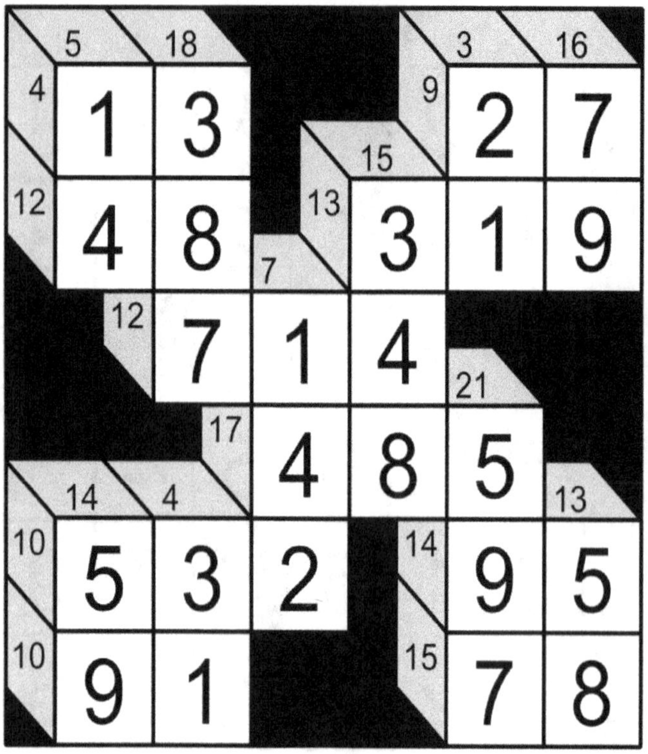

Answer 126

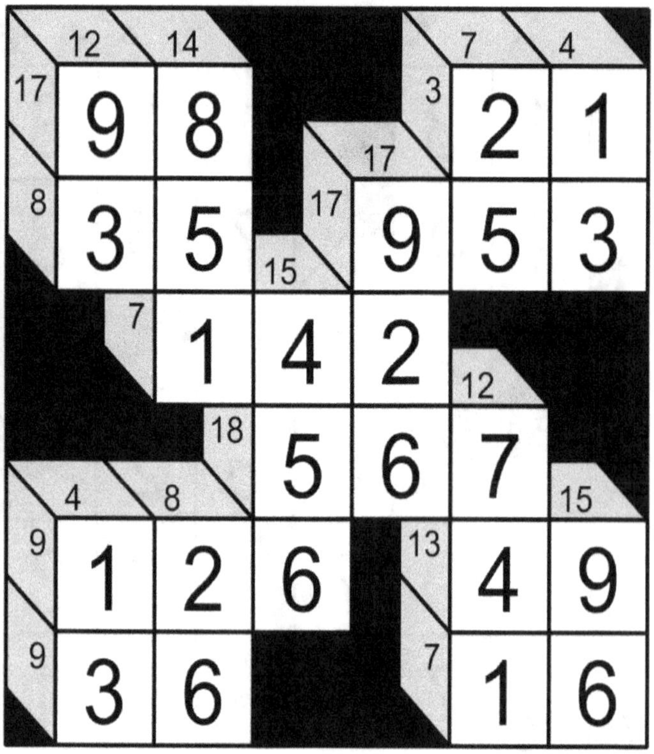

Answer 127

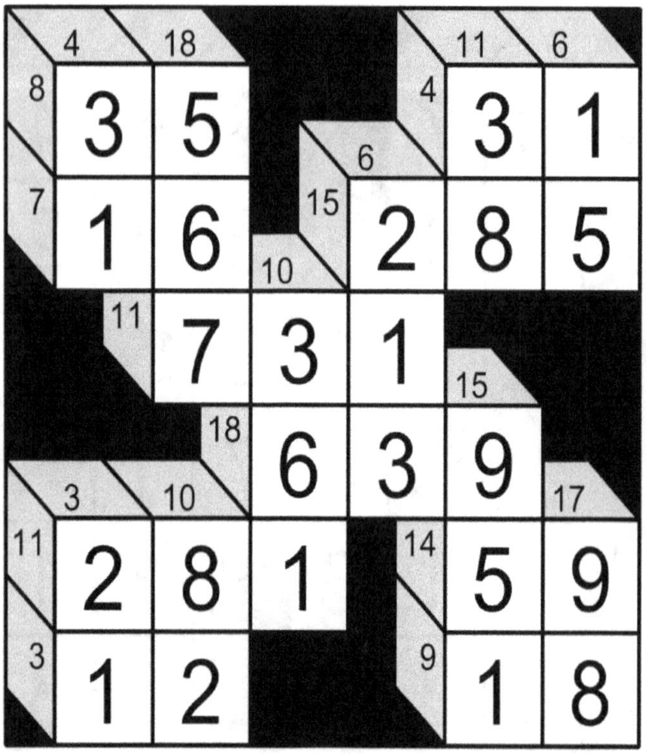

Answer 128

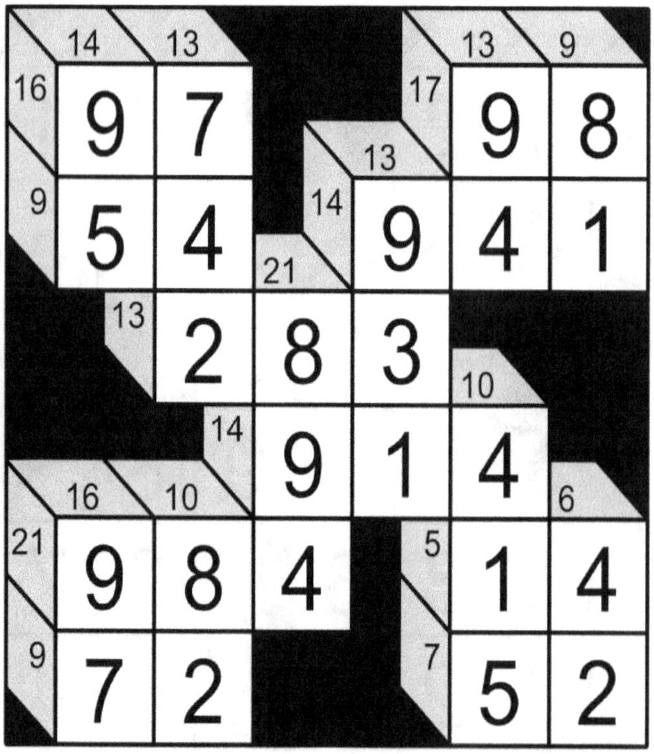

Answer 129

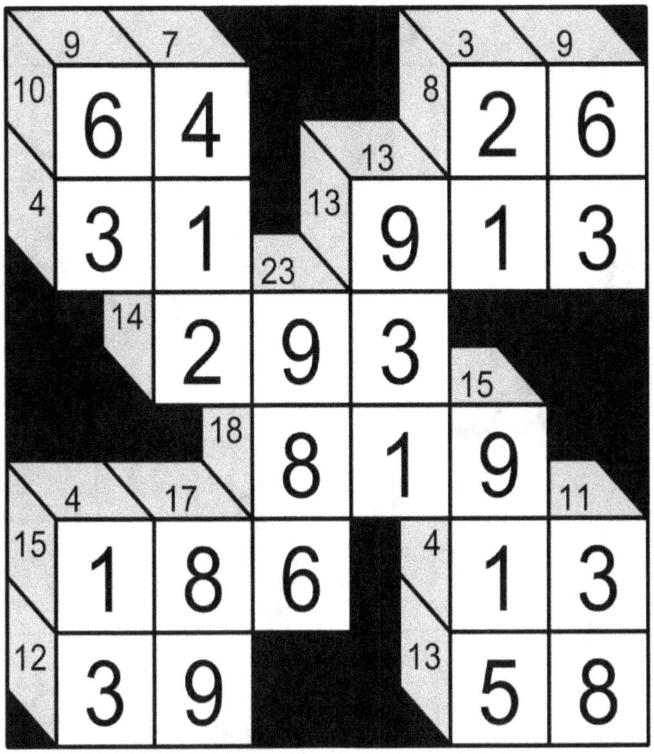

Answer 130

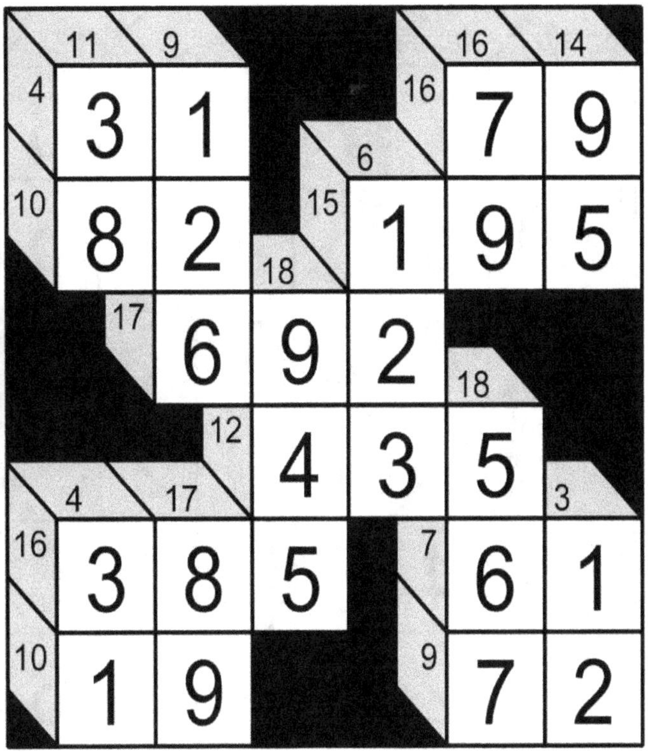

Answer 131

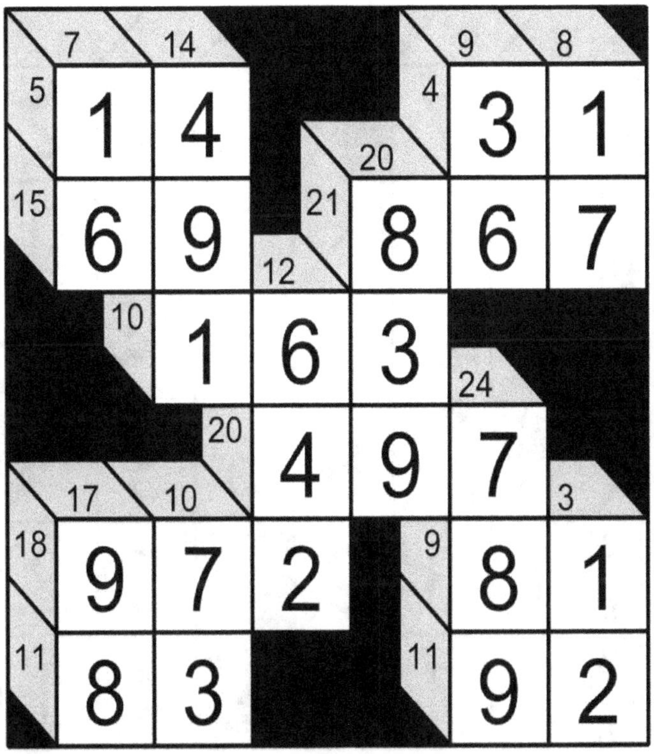

Answer 132

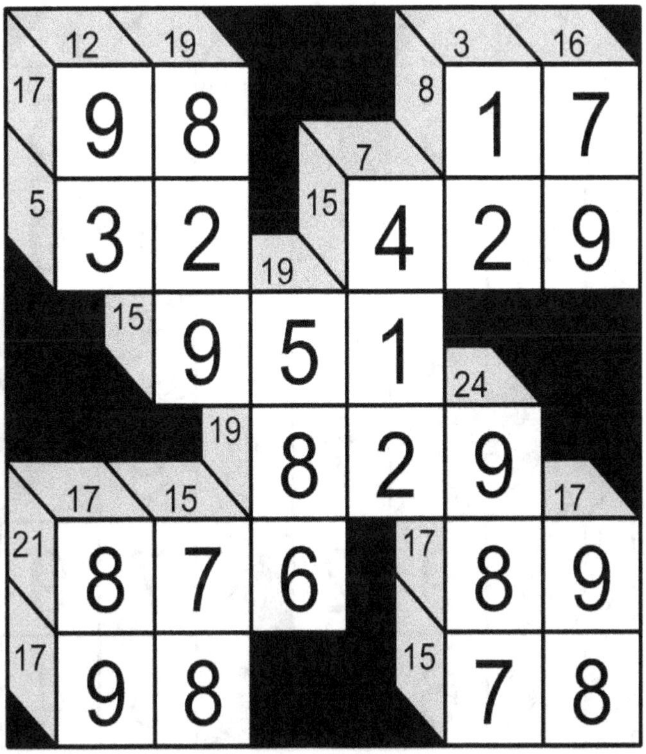

Answer 133

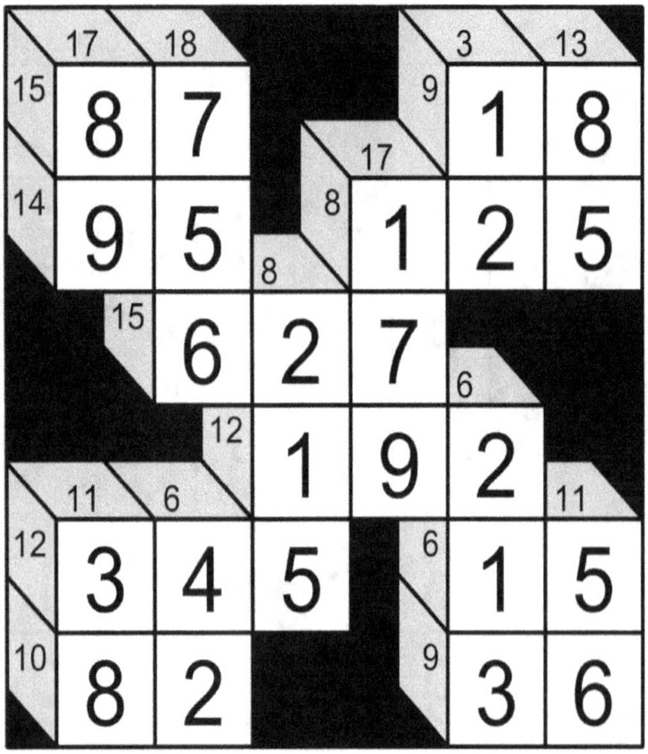

Answer 134

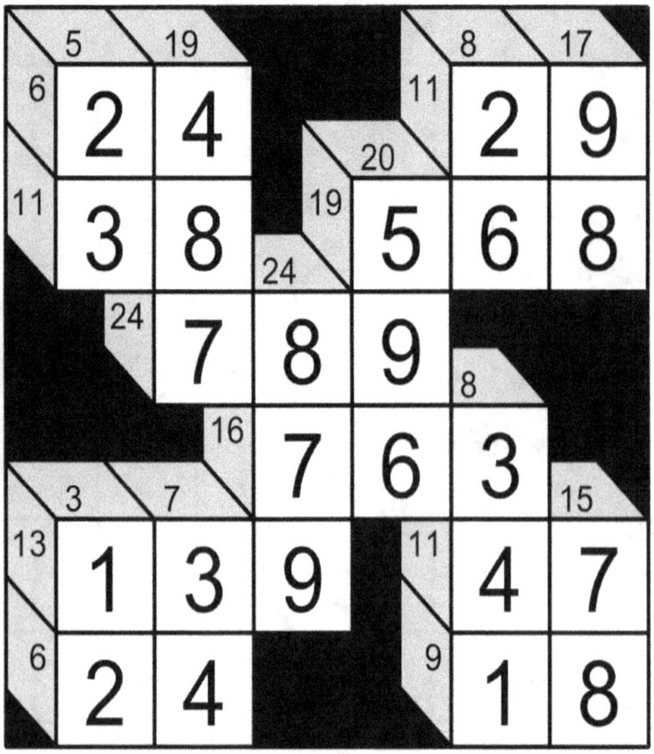

Answer 135

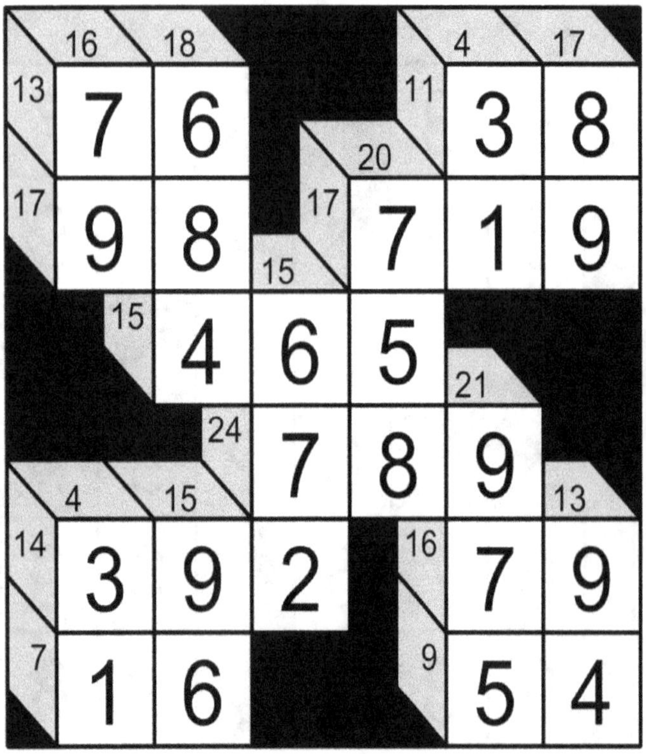

Answer 136

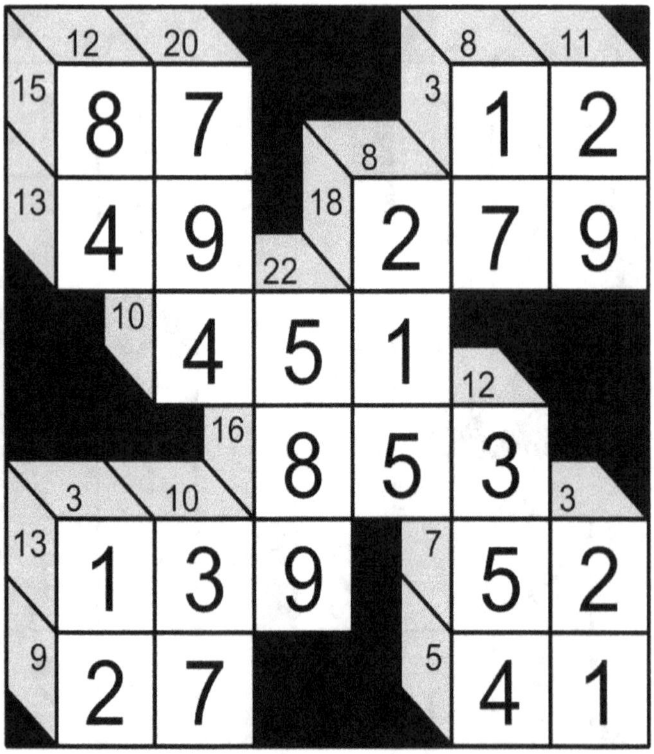

Answer 137

Answer 138

Answer 139

Answer 140

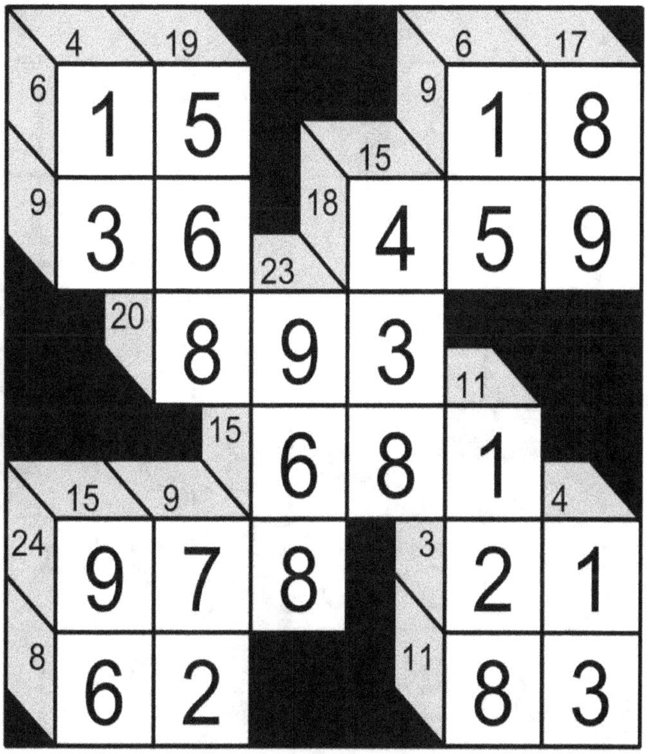

Answer 141

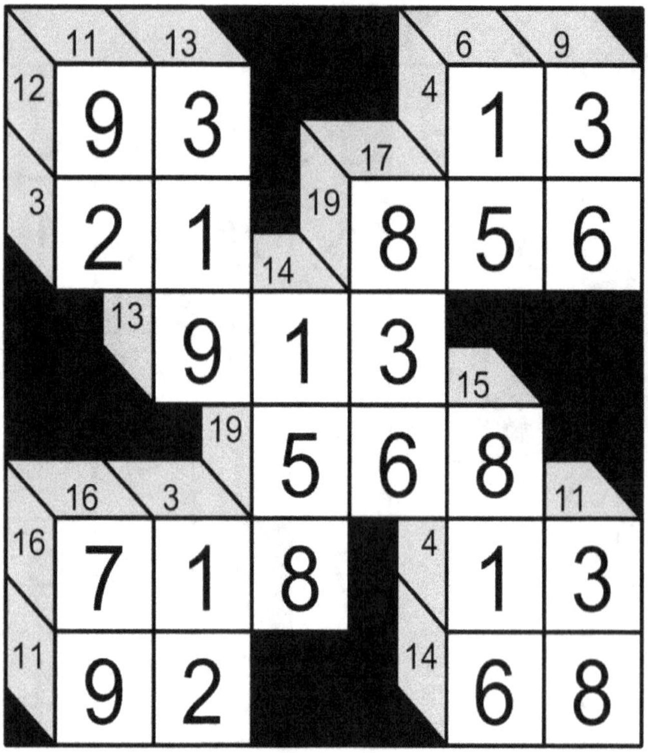

Answer 142

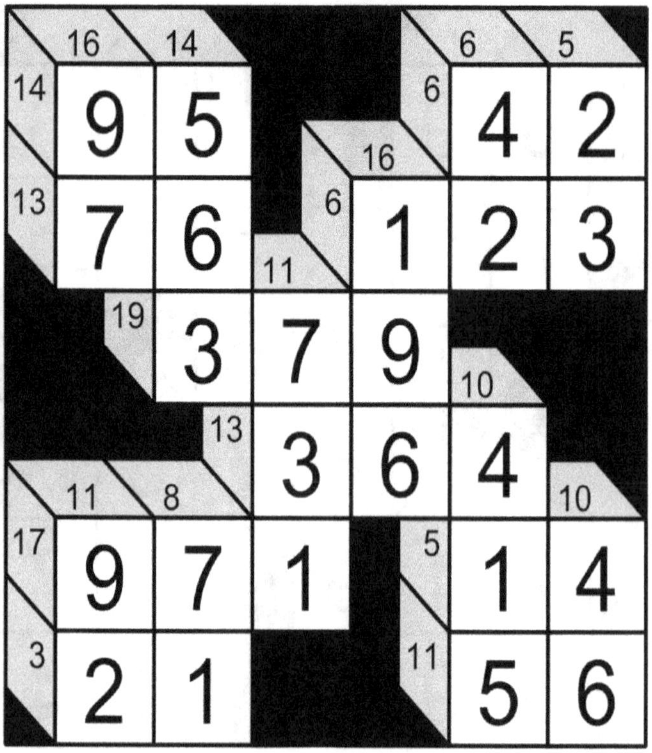

Answer 143

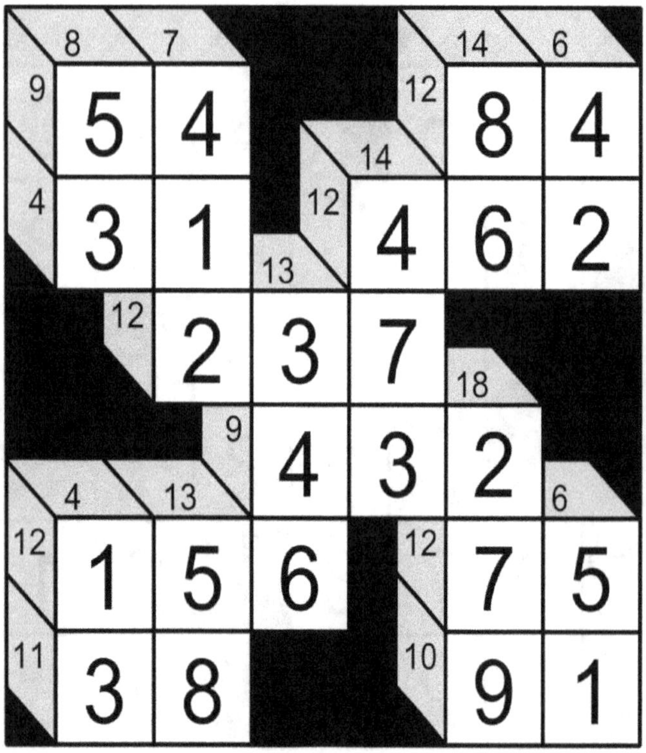

Answer 144

Answer 145

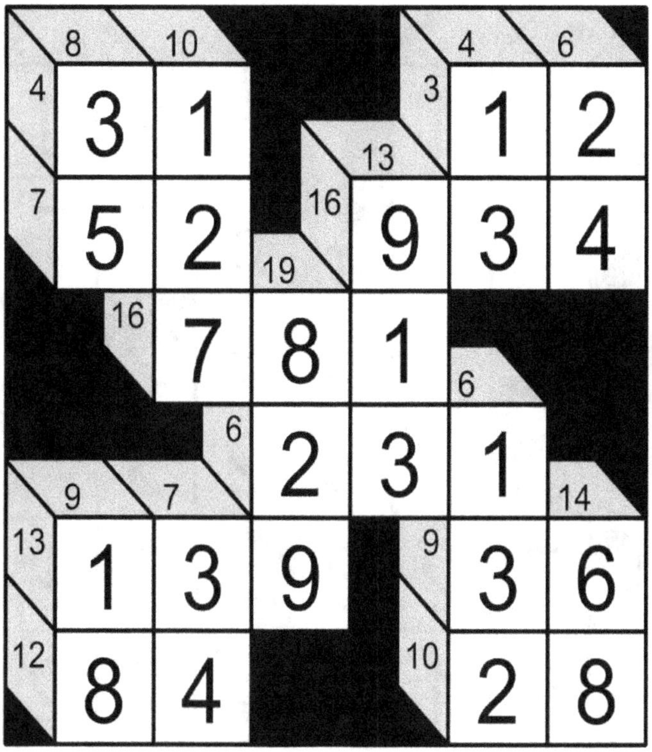
8 10 4 6
4 3 1 3 1 2
13
7 5 2 16 9 3 4
19
16 7 8 1
6
6 2 3 1
9 7 14
13 1 3 9 9 3 6
12 8 4 10 2 8

Answer 146

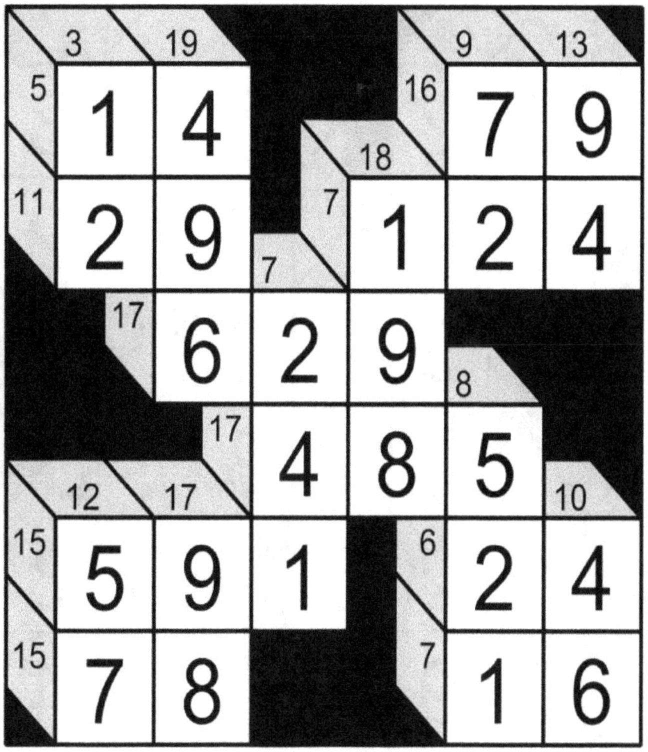
3 19 9 13
5 1 4 16 7 9
18
11 2 9 7 1 2 4
7
17 6 2 9
8
17 4 8 5
12 17 10
15 5 9 1 6 2 4
15 7 8 7 1 6

Answer 147

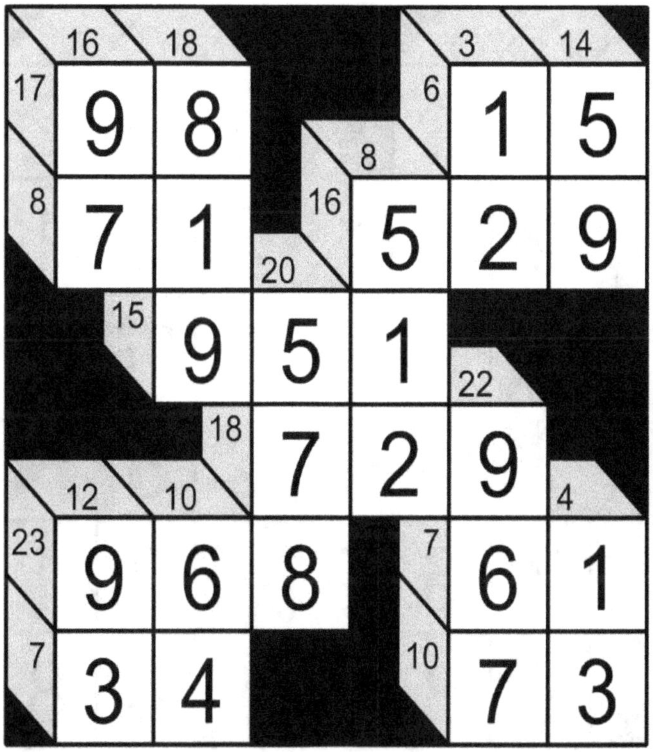
16 18 3 14
17 9 8 6 1 5
8
8 7 1 16 5 2 9
20
15 9 5 1
22
18 7 2 9
12 10 4
23 9 6 8 7 6 1
7 3 4 10 7 3

Answer 148

17 8 5 16
11 8 3 12 3 9
21
10 9 1 17 8 2 7
13
15 4 5 6
14
10 1 7 2
7 5 17
15 6 2 7 15 7 8
4 1 3 14 5 9

Answer 149

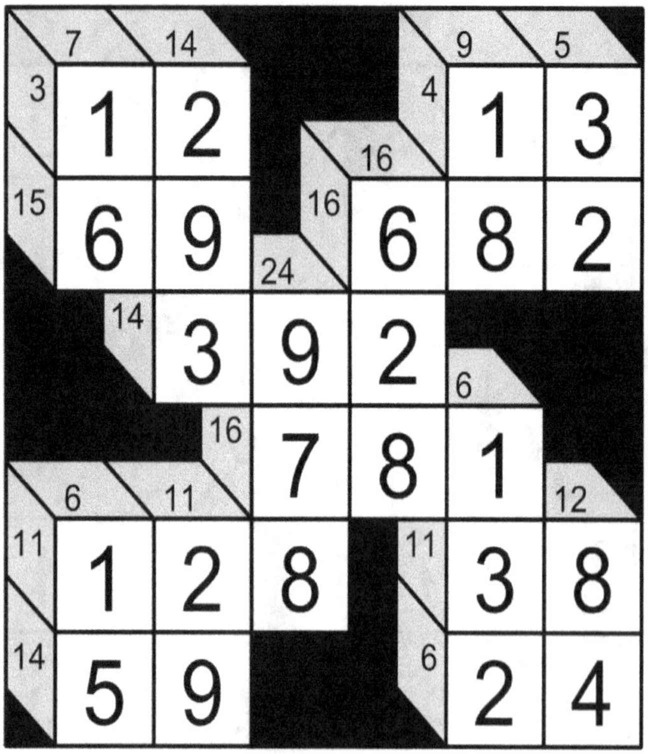

Answer 150

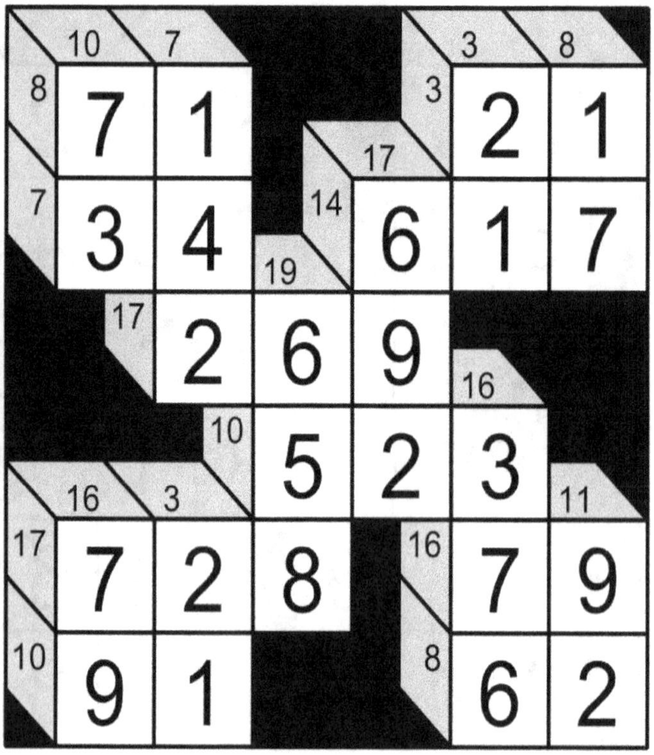

Answer 151

Answer 152

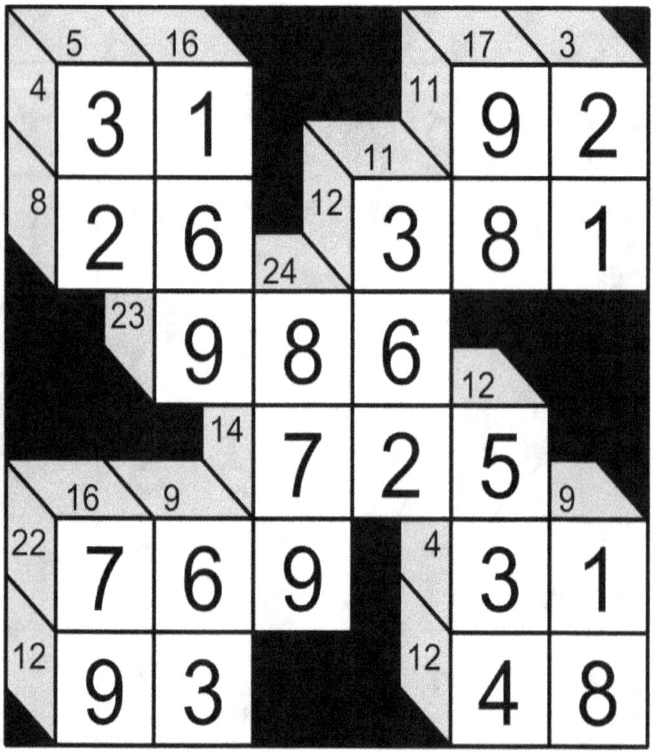

Answer 153

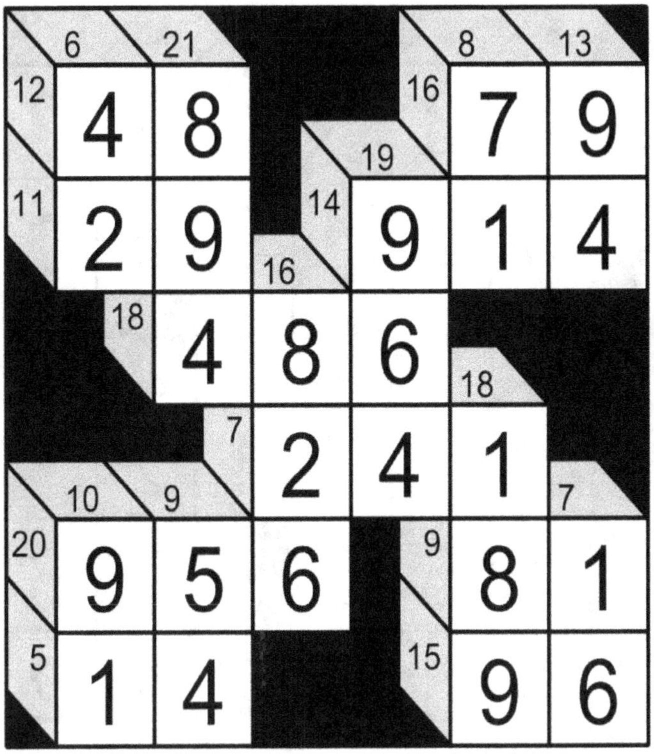

Answer 154

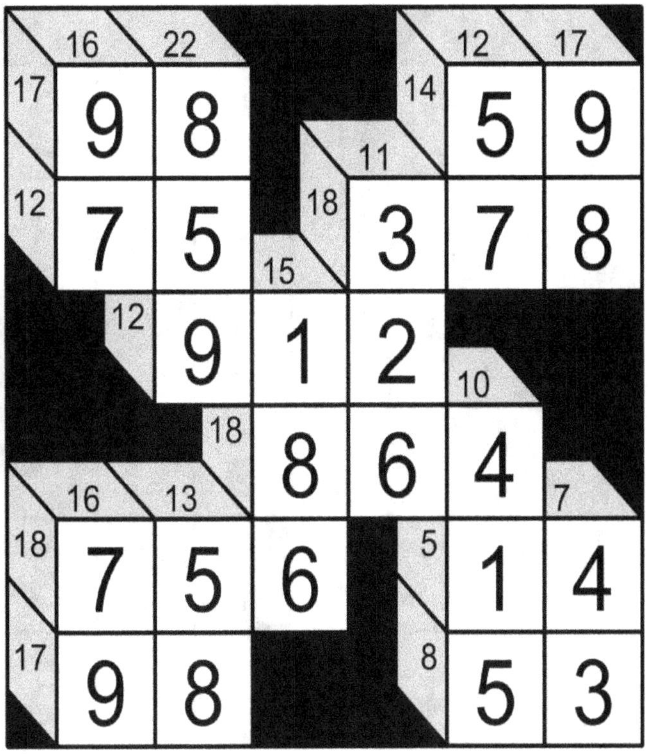

Answer 155

Answer 156

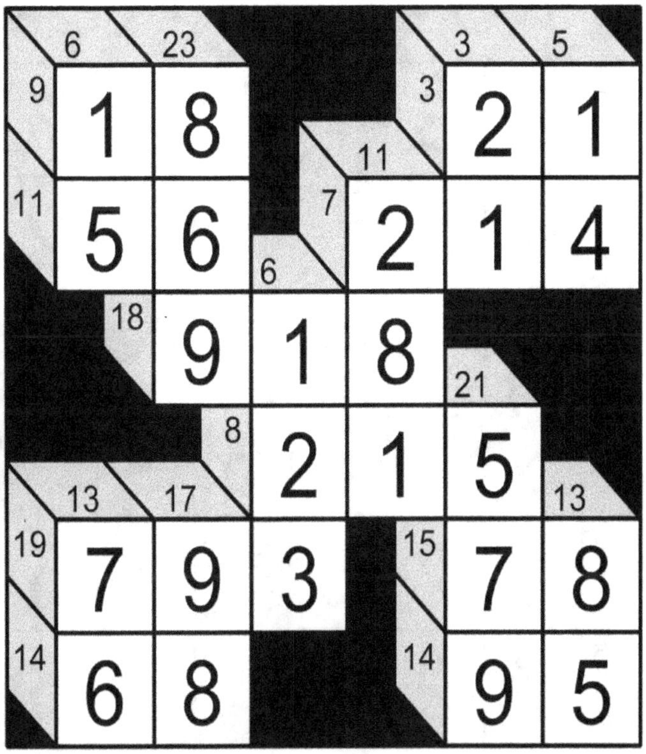

Answer 157

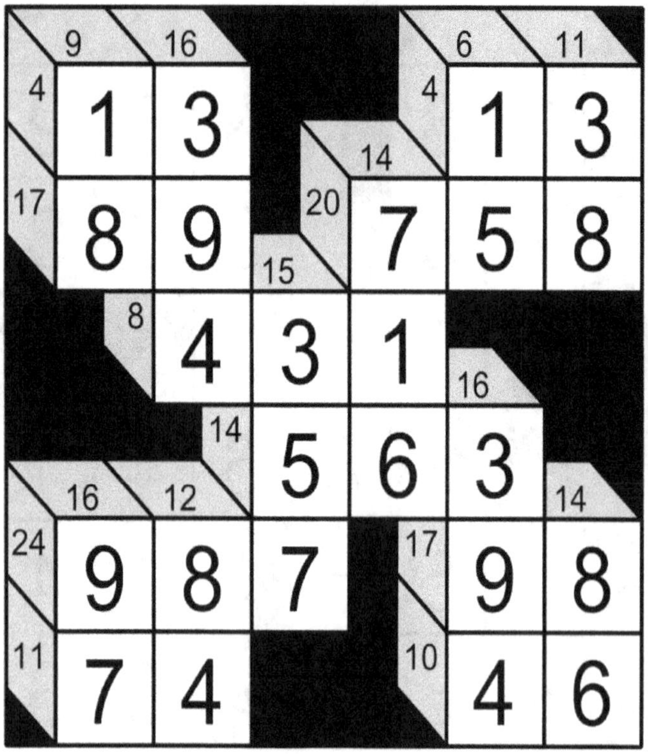

Answer 158

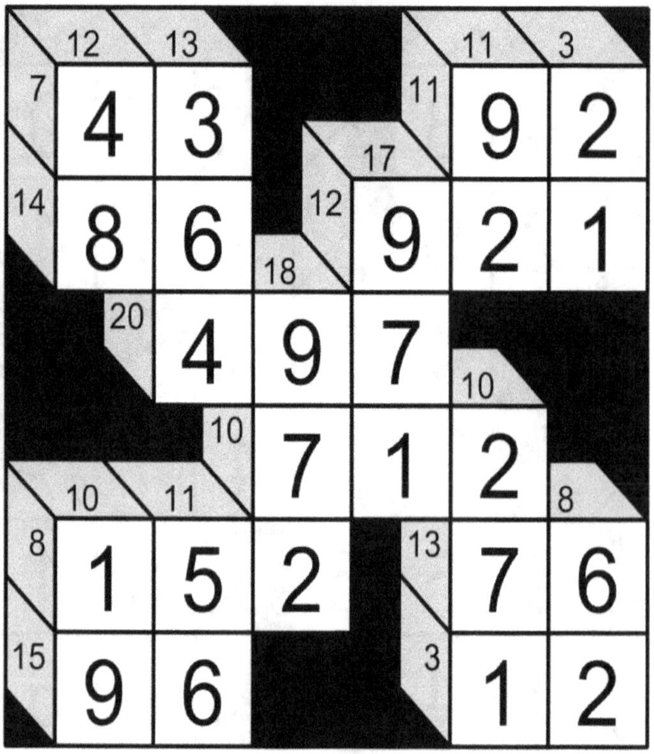

Answer 159

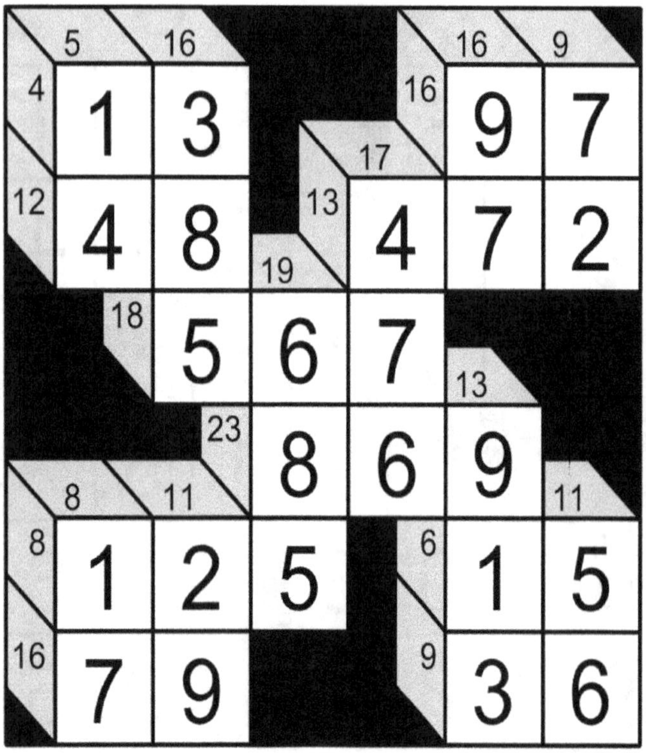

Answer 160

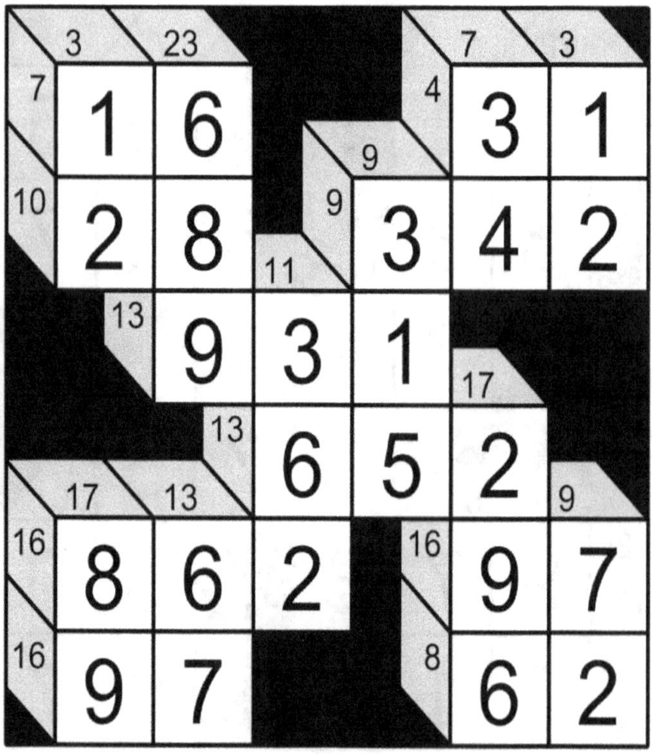

Answer 161

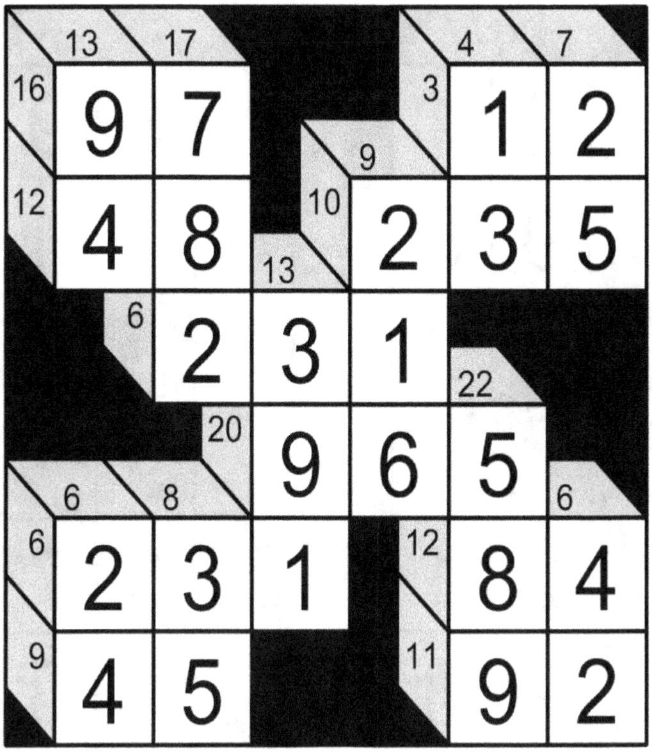

Answer 162

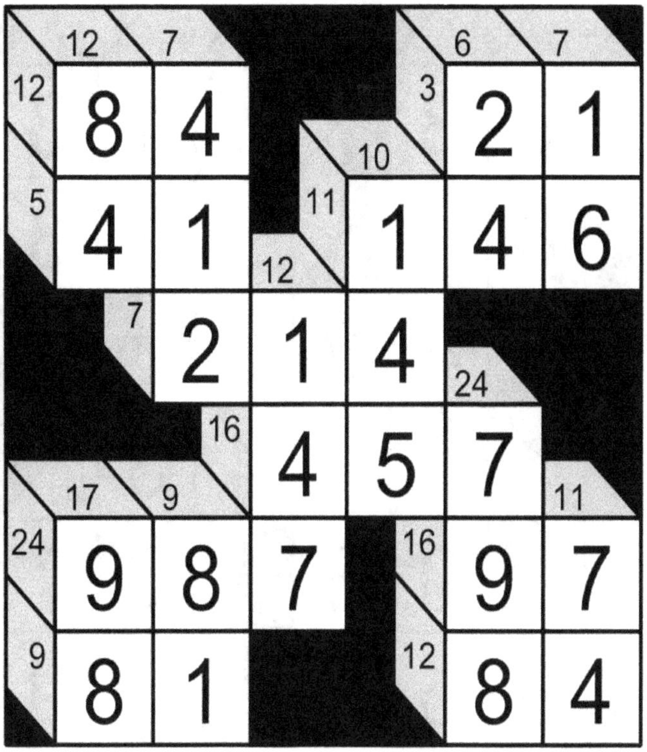

Answer 163

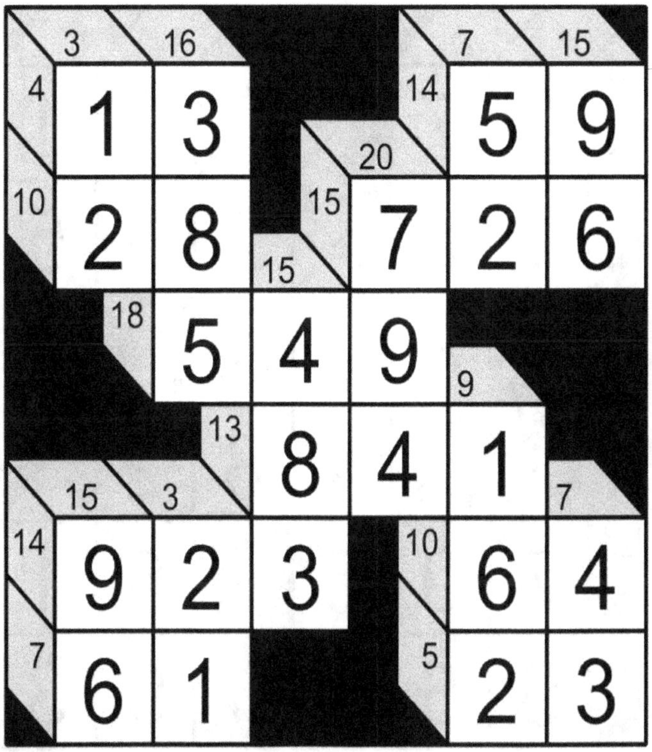

Answer 164

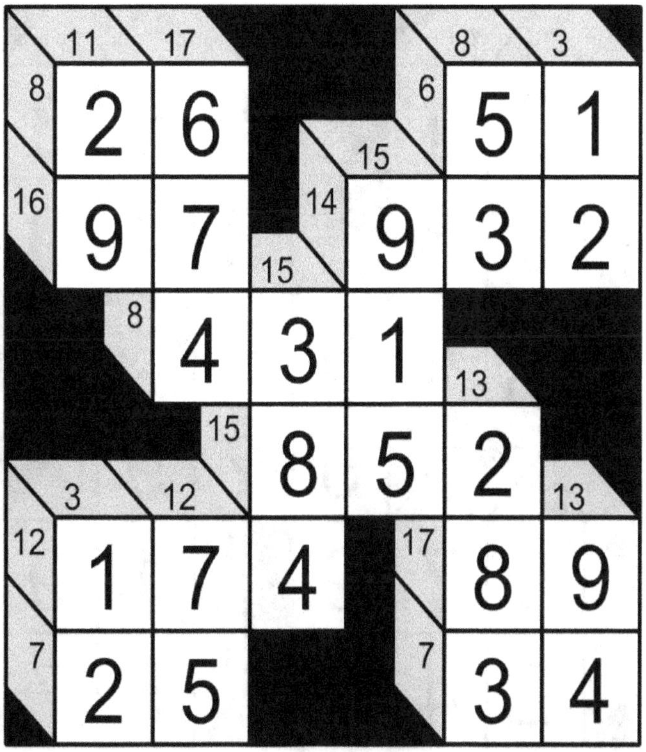

Answer 165

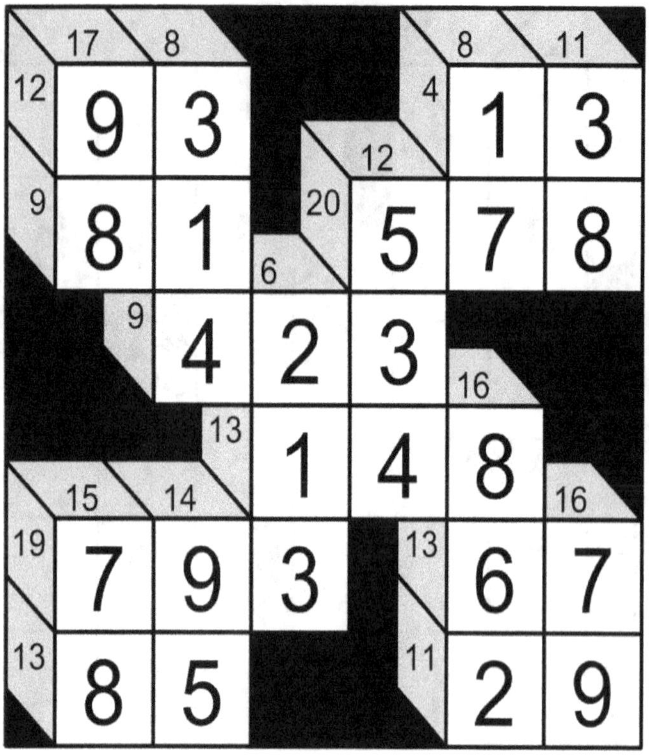

Answer 166

Answer 167

Answer 168

Answer 169

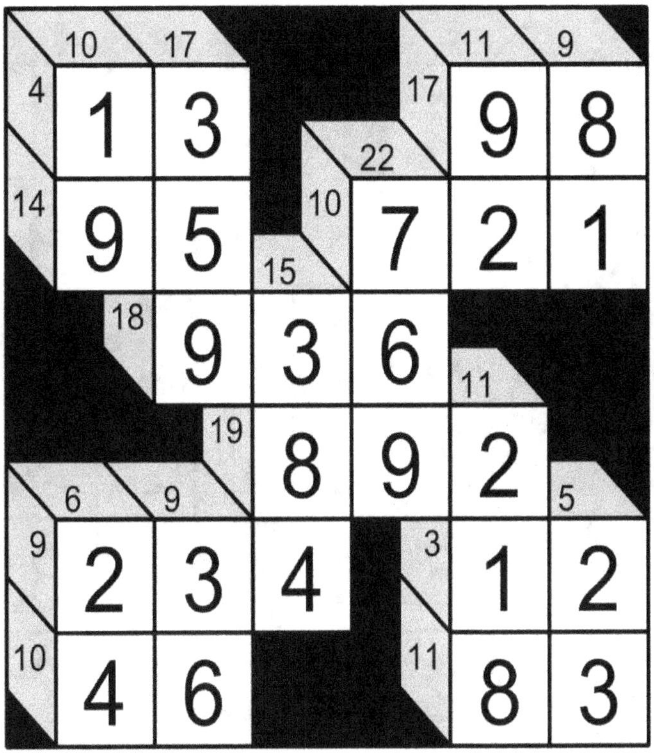
10 17 11 9
4 1 3 17 9 8
22
14 9 5 10 7 2 1
15
18 9 3 6
11
19 8 9 2
6 9 5
9 2 3 4 3 1 2
10 4 6 11 8 3

Answer 170

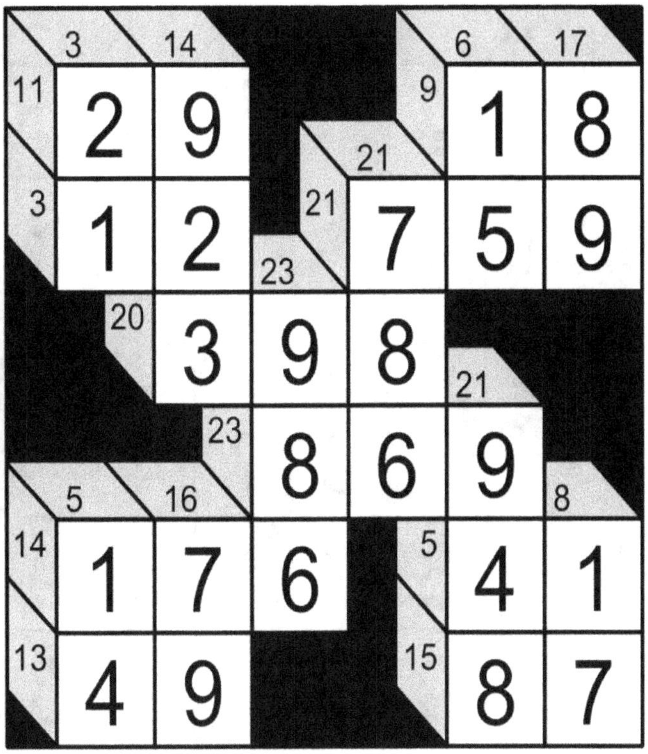
3 14 6 17
11 2 9 9 1 8
21
3 1 2 21 7 5 9
23
20 3 9 8
21
23 8 6 9
5 16 8
14 1 7 6 5 4 1
13 4 9 15 8 7

Answer 171

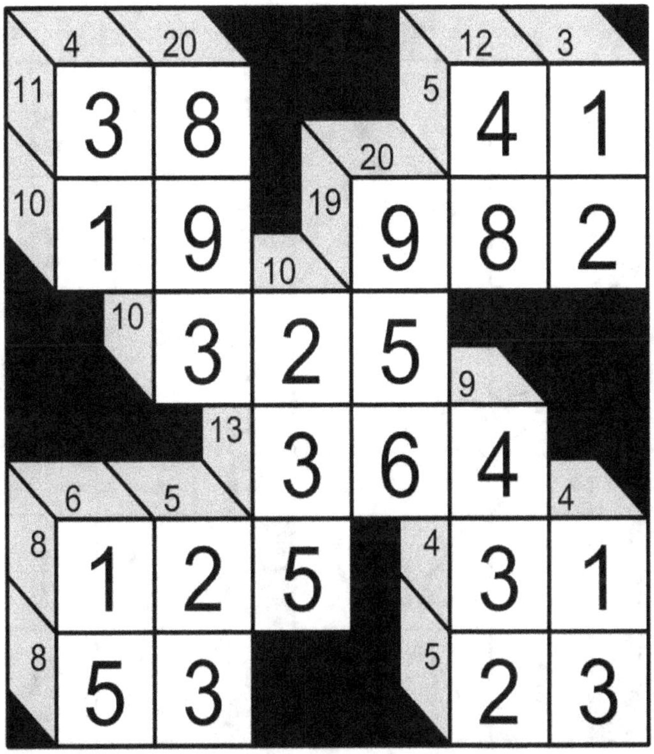
4 20 12 3
11 3 8 5 4 1
20
10 1 9 19 9 8 2
10
10 3 2 5
9
13 3 6 4
6 5 4
8 1 2 5 4 3 1
8 5 3 5 2 3

Answer 172

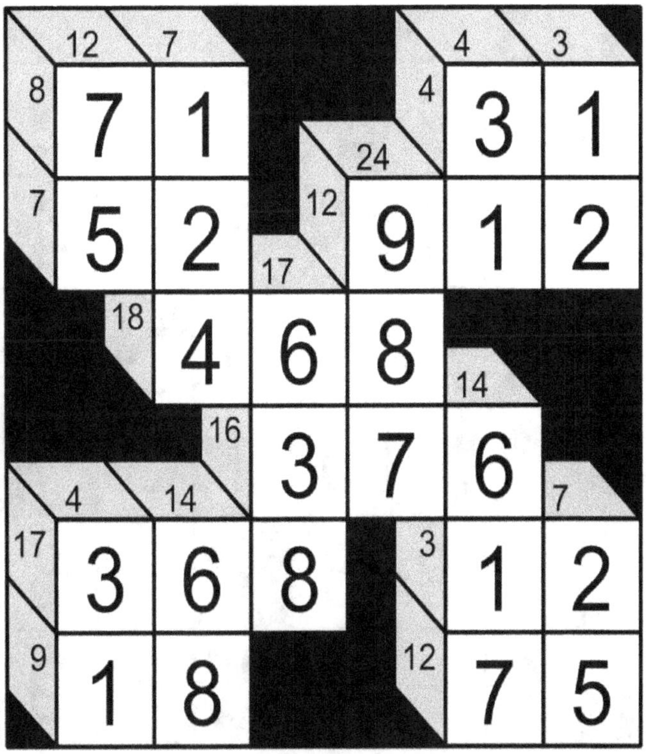
12 7 4 3
8 7 1 4 3 1
24
7 5 2 12 9 1 2
17
18 4 6 8
14
16 3 7 6
4 14 7
17 3 6 8 3 1 2
9 1 8 12 7 5

Answer 173

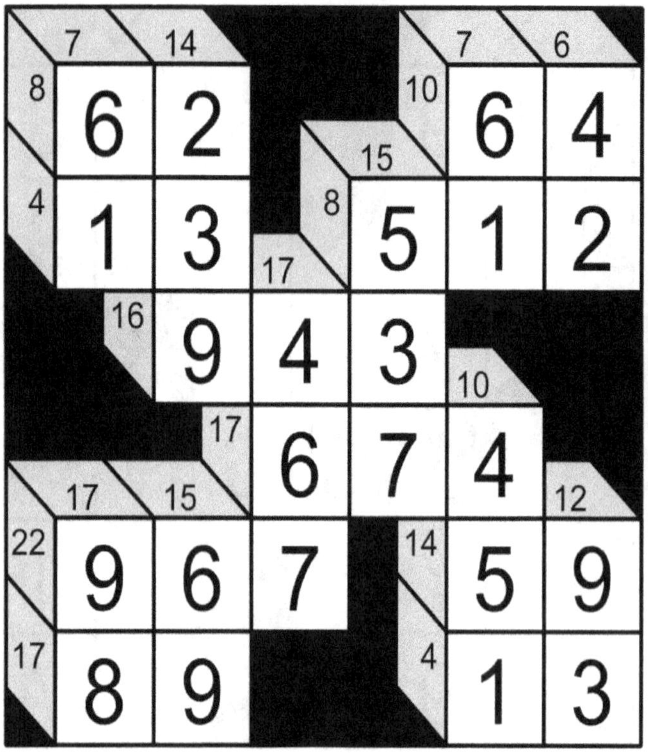

Answer 174

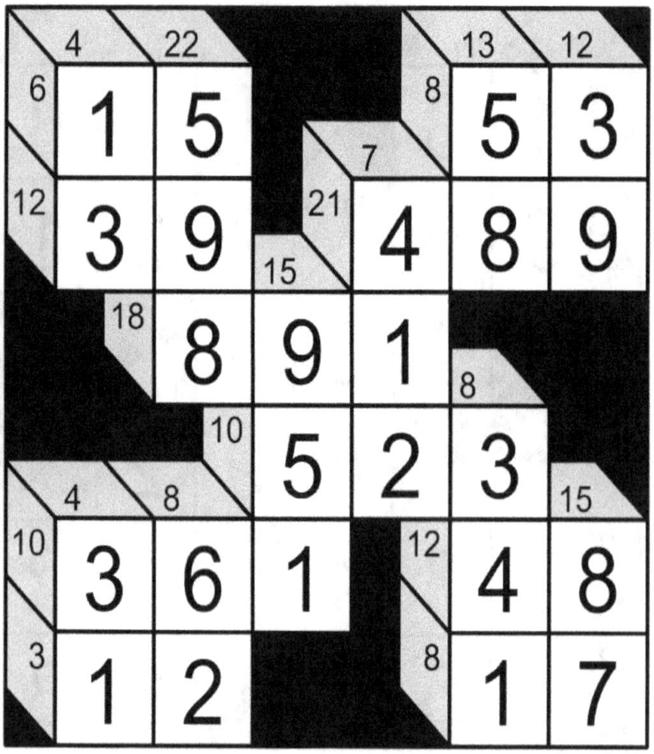

Answer 175

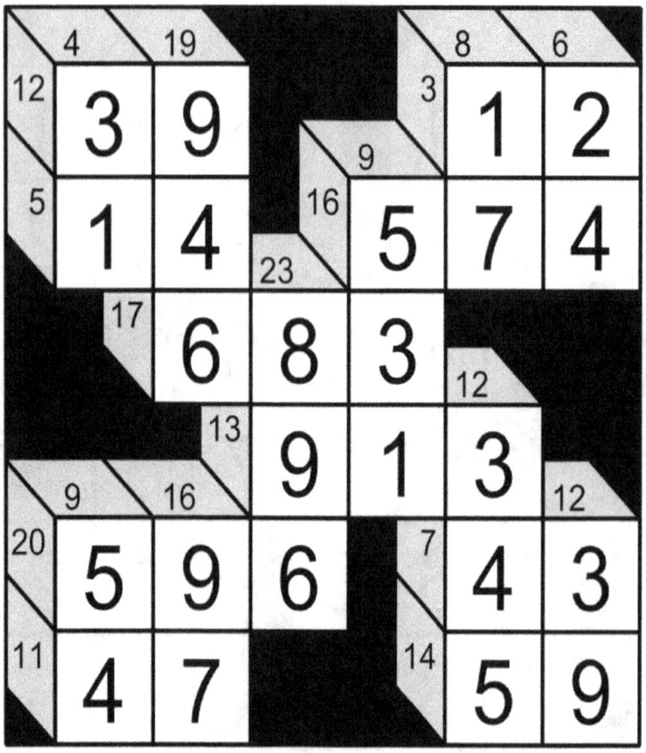

Answer 176

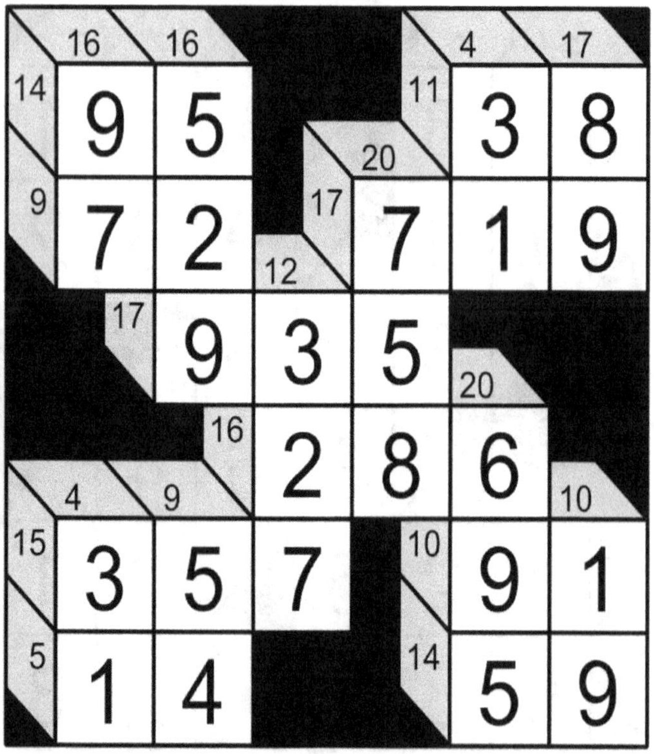

Answer 177

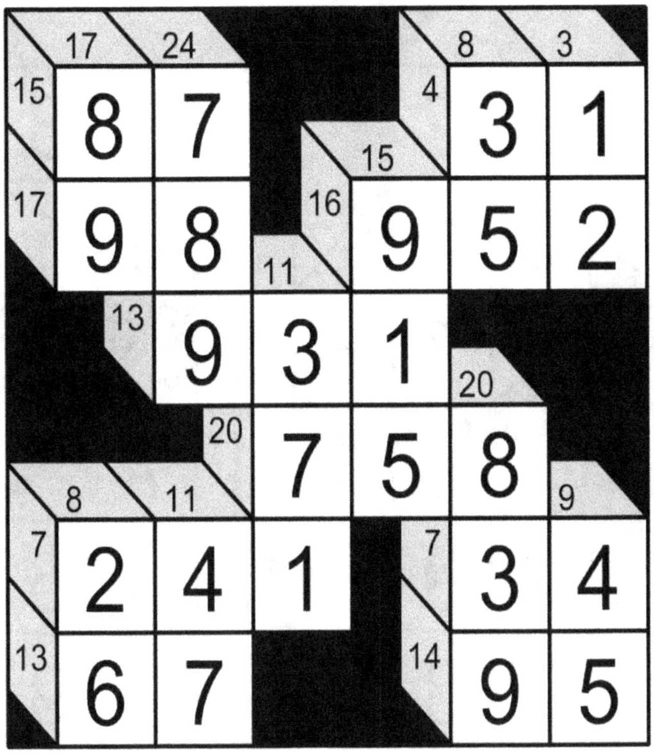

Answer 178

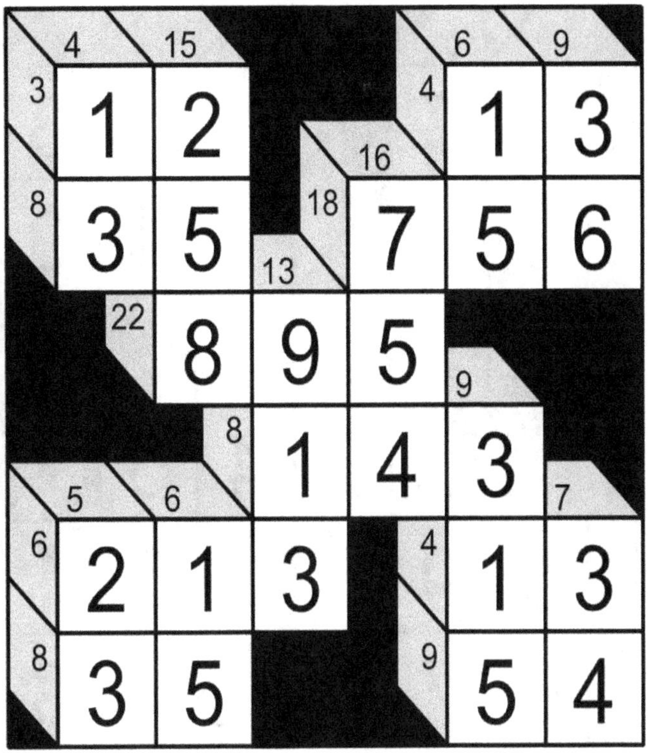

Answer 179

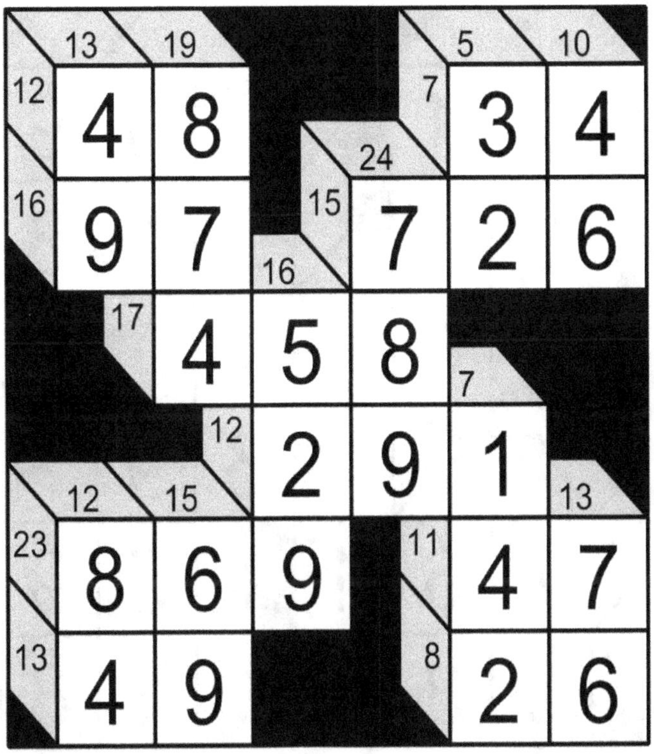

Answer 180

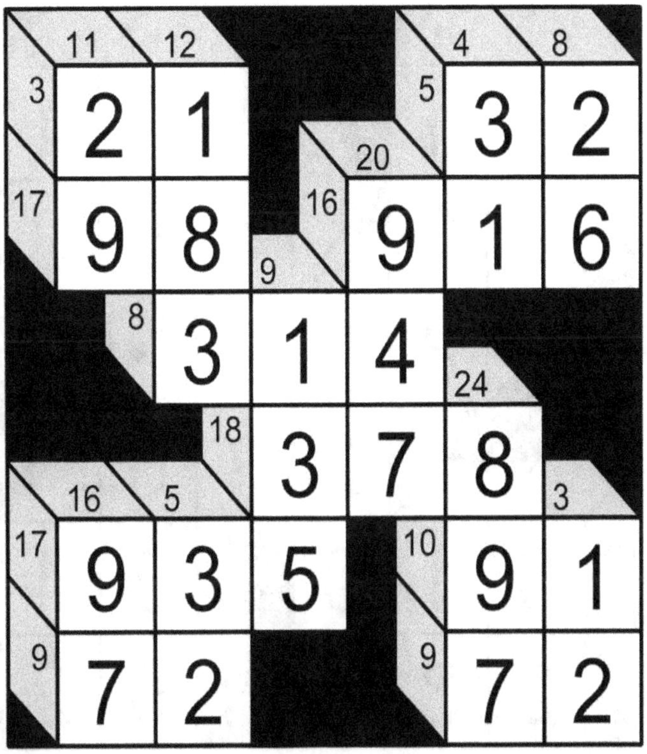

Answer 181

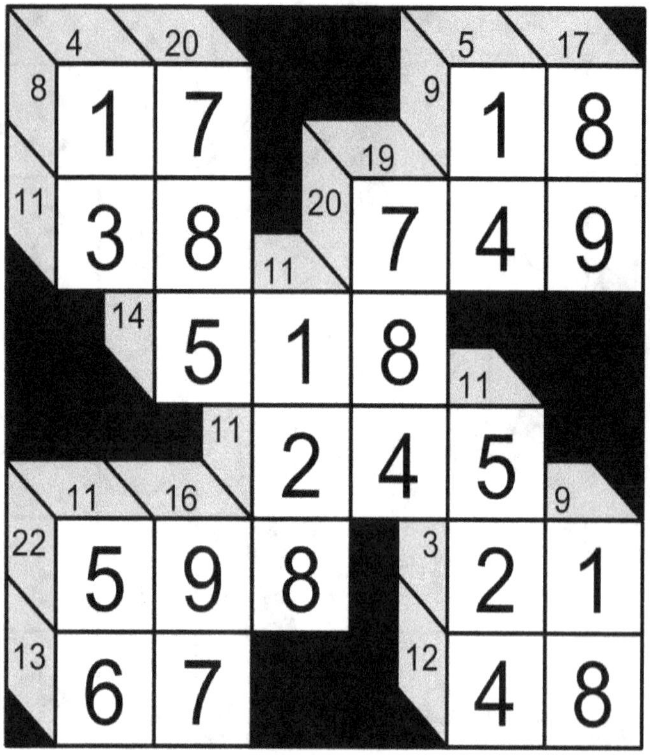

Answer 182

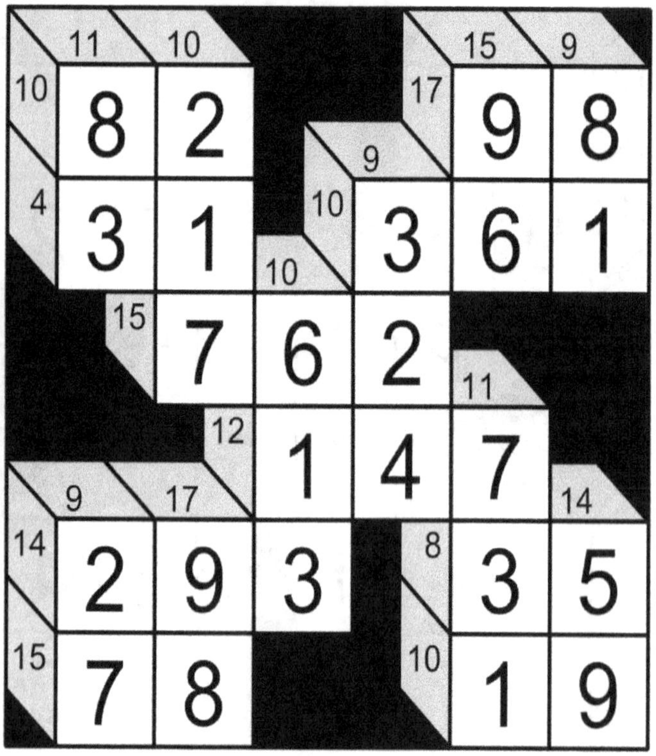

Answer 183

Answer 184

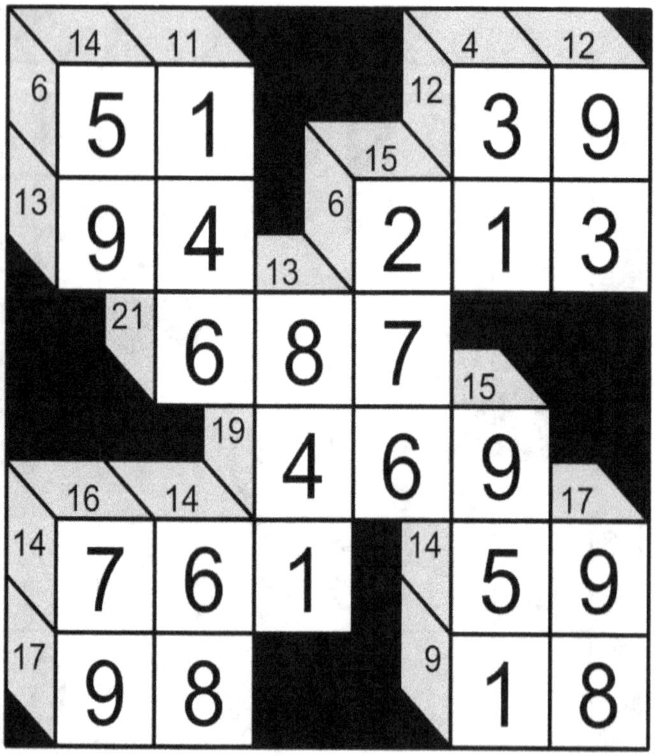

Answer 185

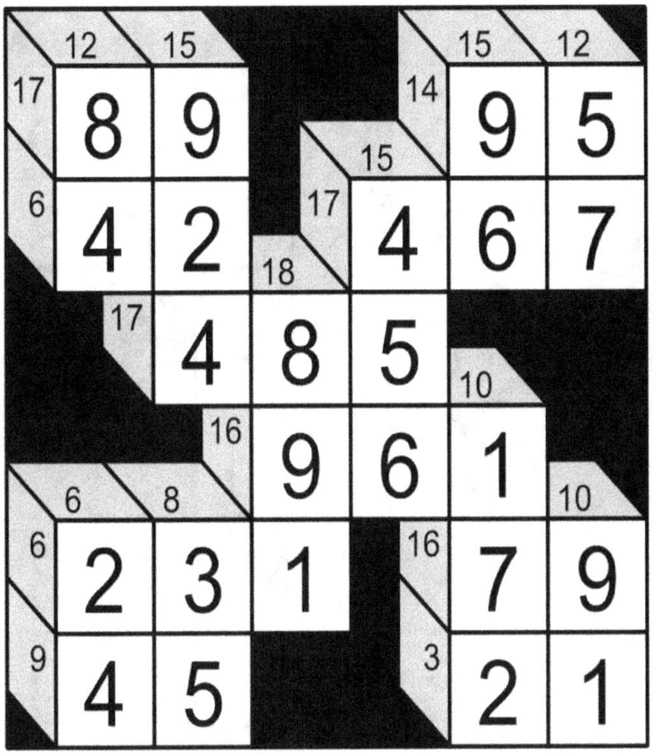

Answer 186

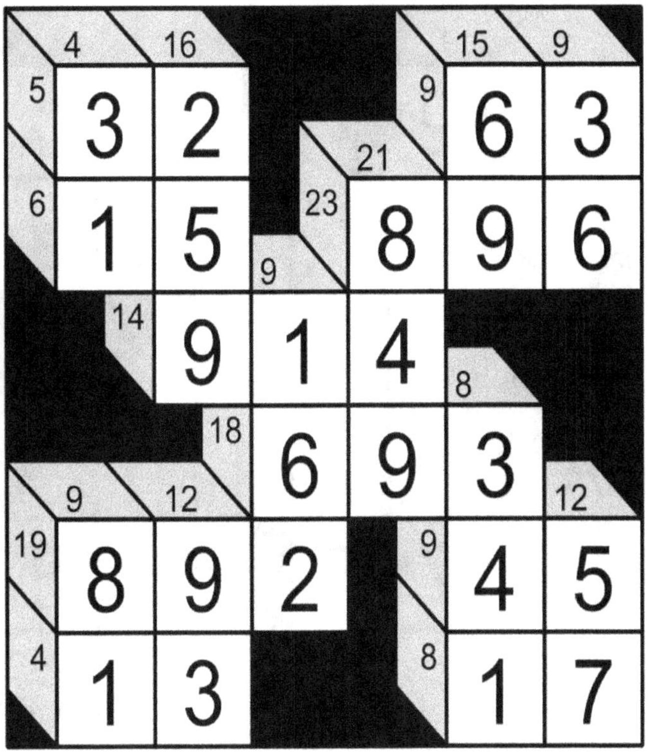

Answer 187

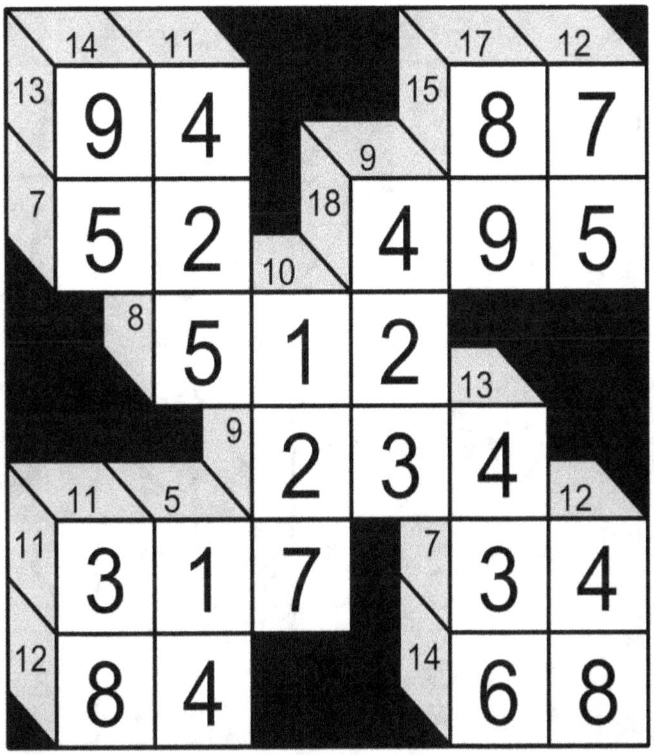

Answer 188

Answer 189

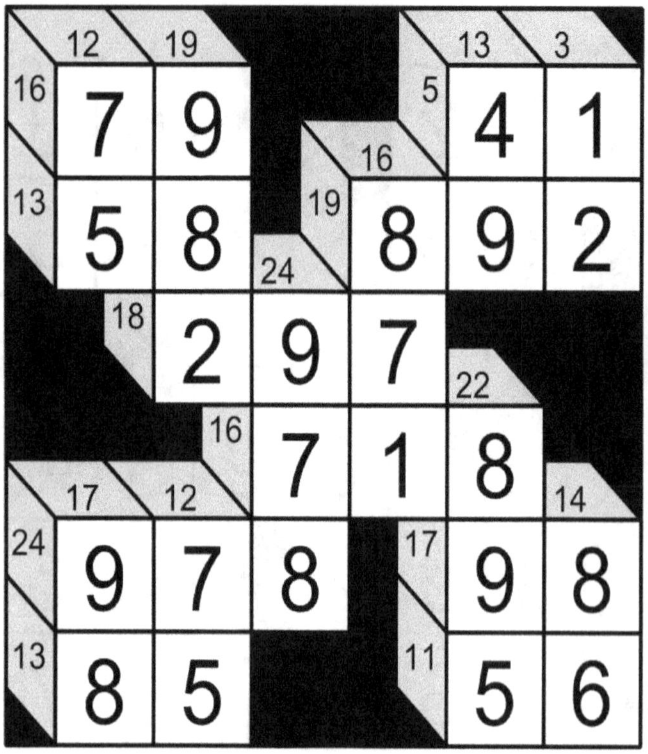

Answer 190

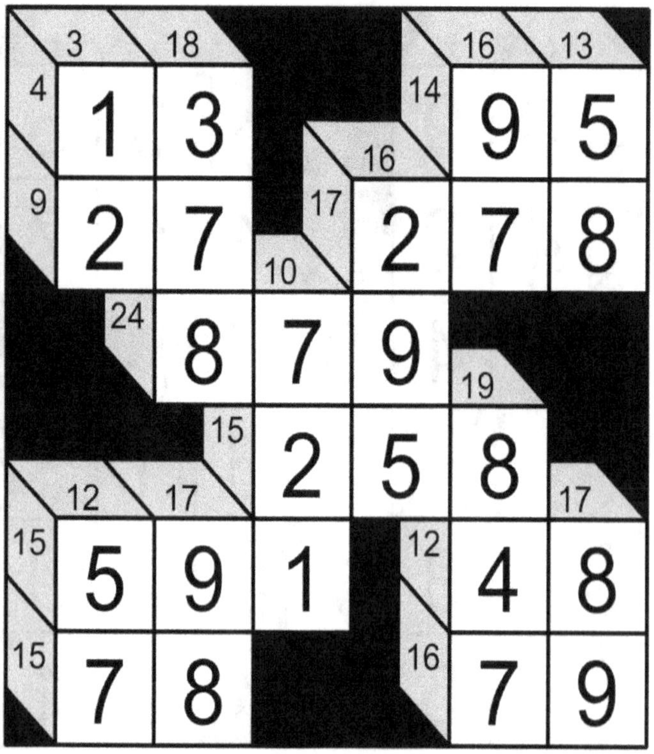

Answer 191

Answer 192

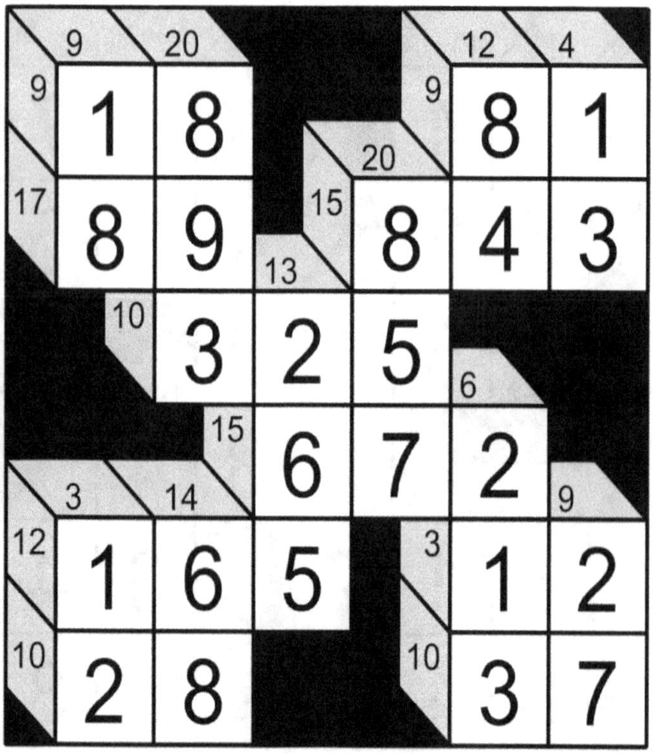

Answer 193

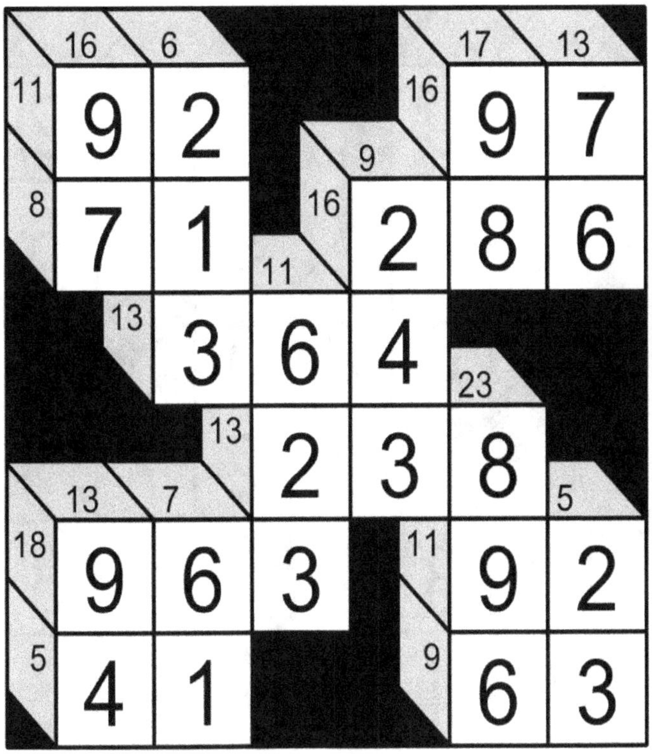

Answer 194

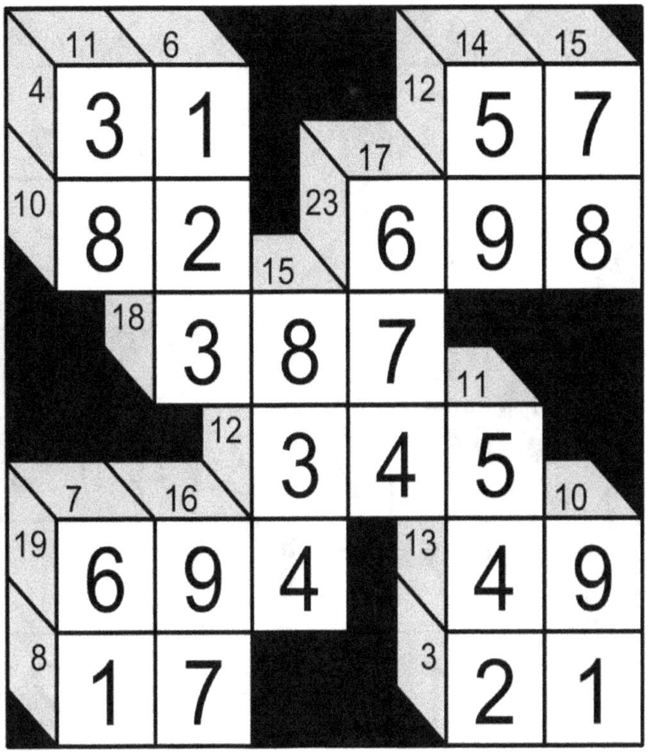

Answer 195

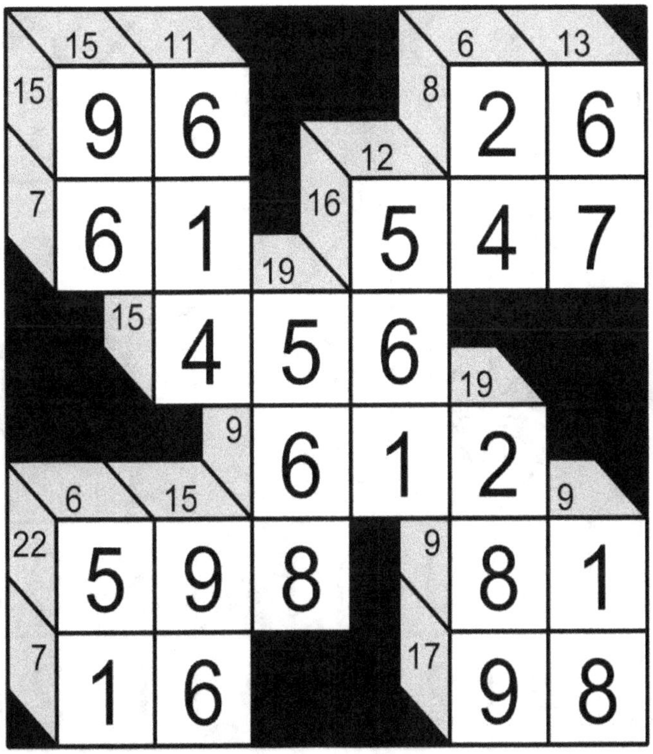

Answer 196

Answer 197

Answer 198

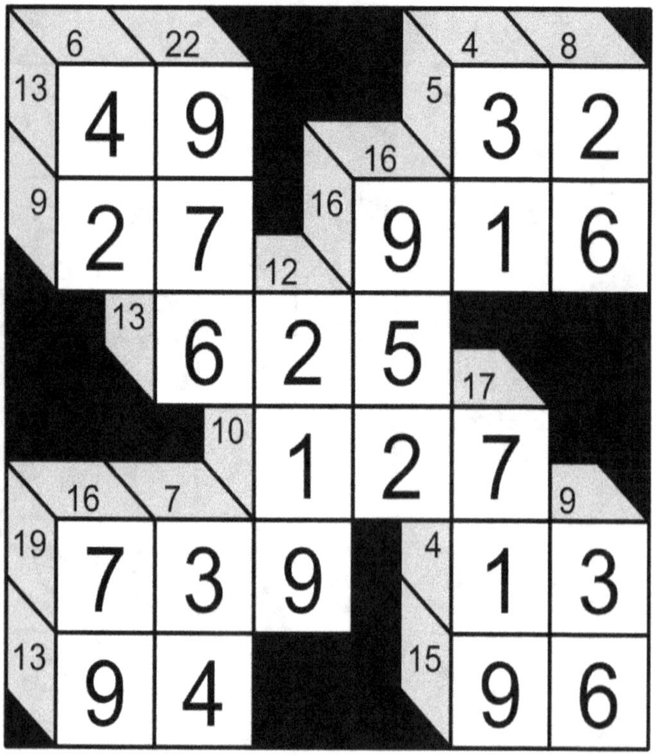

Answer 199

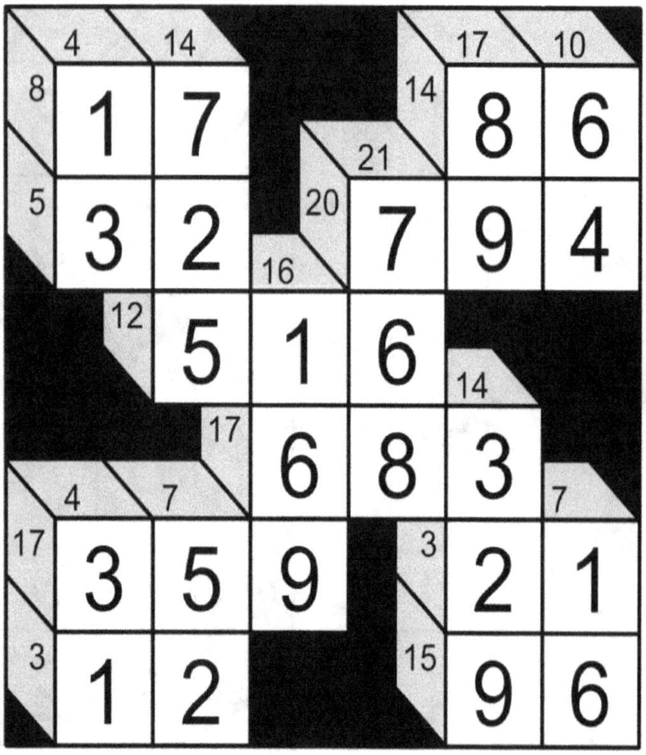

Answer 200

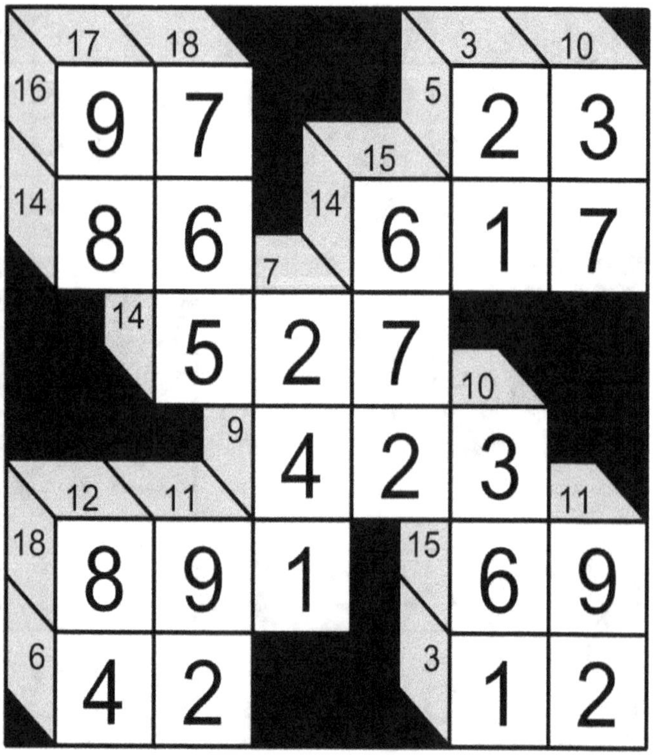

www.ingramcontent.com/pod-product-compliance
Lightning Source LLC
Chambersburg PA
CBHW080934170526
45158CB00008B/2283